JN147261

酵母パン 宗像堂

丹精込めたパン作り
日々の歩み方

写真・伊藤徹也
文・村岡俊也

小学館

酵母パン 宗像堂

丹精込めたパン作り 日々の歩み方

目次

はじめに

「パンを食べれば、その作った人が考えていることがわかる」と、宗像堂の店主、宗像誉支夫（むなかたよしお）は言う。初めてその話を聞いたときには、はあ、と返事をしただけで、どういうことなのか理解できなかった。けれど、宗像堂のパンを食べるうち、宗像さんの話を聞くうちに、大袈裟に言うならばパンは一つの表現であり、そのパンの作り手が歩んだ足跡や思考が大きく影響していることを知った。シンプルな材料の組み合わせ、発酵の方法、焼き方でまったく違うものに変化する。宗像堂が掲げる「エネルギーとしての生命を完全な形で循環させる」というテーゼは、宗像堂のパンを食べたときに感じる、あのジワッと染み渡るような旨さとなって食べた人に届く。

宗像堂のある沖縄は、天然酵母でパンを焼く人にとっては、高い気温と湿度からコントロールが難しい土地でもある。だが、その環境と寄り添うことで宗像堂は豊かなパンを〝表現〟している。店に入ってパンを選んでいるときに感じる満たされていくような幸福な時間は、いかに生み出されたものなのか。この本は、宗像堂が大切にしているものを紡ぎ、レシピを通じてその秘密をおすそ分けし、パンという幸福なエネルギーが生む喜びを分かち合うためのものだ。

宗像堂
酵母パン
OPEN

宗像堂ができるまで。

琉球大学大学院で微生物を研究し、陶芸家の弟子となり、偶然出会った天然酵母のパンを自宅で焼くうちに、少しずつ広まって宗像堂に至る。宗像誉支夫さんの略歴は、まるでパンを焼くためにあったように、その経歴のすべてが天然酵母パンに収斂する。だが、話はそれほど単純ではなく、それぞれの選択の際に考えた試行錯誤こそが、宗像堂の〝らしさ〟を形作っているのではないか。

1969年福島県郡山市生まれの宗像誉支夫が日本大学農獣医学部の応用生物科学科に通っていた頃、宗像さんの妹が癌の宣告を受ける。宗像さんは兄として、当時考えられるだけのコネクションを使って、先端医療の専門病院を探し、結果的に妹は手術を受けて無事に成功する。再発について、主治医からは「70%の確率で、まあ大丈夫でしょう」と言われた。宗像さんは残り30%の不安を解消するために、民間療法や免疫療法など、さまざまな分野に「首を突っ込んで学ぶようになった」という。その中の一つが、琉球大学の大学院だった。次第にのめり込んでいったのは、微生物たちに影響を与えている環境要因について。なぜか生き物が周囲に比べて圧倒的に育ちやすい「イヤシロチ」と呼ばれる場所があるという。いわゆるパワースポットのようなその場所は、極端に植物がウイルスからの影響を受けづらく、実験を繰り返すうちに、どうやら磁場が影響していることがわかってくる。ウイルスと、それを受容する植物側が電気的に作用している、というような研究。自分の中では結論めいたものが見つかったのだが、大学院を卒業して勤めていた研究所とは、方針が合わなかった。早々に退社して、路頭に迷っていたときに宗像さんが出会ったのが、與那覇朝大(よなはちょうたい)という画家、陶芸家だった。(ちなみに妹さんは今もとても元気で沖縄に暮らし、ダンスの先生をしている)

陶芸家の弟子をやめ、パンを焼くお坊さんに出会う。

「土をいじりながら暮らしていけたら素敵だな」という純粋な思い、それから與那覇朝大の存在感に惹かれて、側に置いてもらうように頼み込んだ。

「ものづくりに対する向き合い方に、凄みみたいなものがある方でした。強い影響を受けていると思いますね。彼の言葉の中で一番印象的だったのは、『土のなりたい形を見つける』という目線。昔の八重山の習慣だったり、若い頃の話だったり、たくさん聞けたことも財産として残っています」

弟子として3年の間、画家でもある師匠の額を作り、畑仕事をし、土を練り、運転手をする日々。だが、陶芸の世界に没頭するうちに、次第に自分が求めるものが師匠から離れていってしまう。古い陶片や美術品に対する「扉が開かれてし

まった」ために、もっと違うものを求めるようになっていく。自分から口に出してやめさせてもらうこともできず、ストレスからか、喘息になってしまった。「体のせいにしないと、やめられなかったのかもしれない」と、宗像さんは振り返る。治るまでやめさせてほしいと頼み込んで「また、することがなくなった（笑）」。年齢は30歳を過ぎ、すでに長女の蒼（あお）も生まれていた。咳で夜も眠れず、困っていたときに、よくしてもらっていたおばぁのセッティングで出会ったのが、当時、奈良県にあった楽健寺（らくけんじ）の天然酵母でパンを焼くお坊さんだった。

「生地をこねて発酵を待っている間に、二人ヨーガと呼ばれるお互いに踏み合うリンパマッサージをして、パンが発酵したら焼くっていう1日コースに参加したんです。実はそのときにはそれほどの感動もなくて。でも数日経ったときに、あれ？　この間の参加費を払ってないなっていうことに気づいて。これは連れて行ってくれたおばぁたちに、お礼のためにも復習しなければと思ったんですよね。オーブンも持ってなかったから、そのおばぁのキッチンをもう一度借りて、『作らせてもらえませんか？』ってお願いして。一緒に作って食べたら、『こんなに美味しかったっけ？』って（笑）」

初めて作ったパンは、プレーンの丸いパン。美味しかったかどうかを確かめるためにもう一度、キッチンを借りて焼いてもやっぱり美味しい。何度か試してい

るうちに、「このパンは欲しい人がいるはず」という話になった。しかも喘息も出ていない。一緒に習った人たちからも「あんな大変なパン作りなんて自分では絶対にやらない。あんたが焼いたら食べるから持ってきてよ」と言われたことから、実際にパンを焼いて持っていくという生活が始まった。

「そこで初めて、自分が積み重ねてきたすべてを投入して作ってやろうって思ったんですよね。本当に真剣に向き合って作ったら、その辺にほったらかしにしていてもカビが全然生えないパンができたんです。最長８ヶ月半。最後にカビが生えたとき、すごくホッとしたくらい（笑）」

　カビが生えないのは、微生物の拮抗作用というものらしい。拮抗微生物が元気なために、カビの繁殖を抑えるようなパン。今よりもずっと酸っぱかった。だが、そこから宗像さんは一気にパン作りにのめり込んでいく。１日に5時間こねて、5時間焼く生活。アパートは完全に、パンを作るための研究所となった。ちなみに宗像堂の酵母は、〝おばぁ〟から受け継いだものが、現在までかけ継がれている。

「アパートでパンを焼く生活が３年続いたんです。おばぁから借りたオーブンレンジと、それからミュージシャンのどんとさんから借りたガス台に乗せて使う原始的なオーブンと、自前のものが一つ。いわゆる家庭用の普通の電気オーブンで焼いて、那覇や読谷（よみたん）にまで、配達していたんです」

店を作って、初めて〝ホーム〟になったんですよね。

宗像堂の食パンは〈ボ・ガンボス〉のどんとから借りた型の形になっていて、今でも、同じ大きさの型を使っている。当時の屋号はまだ〈宗像堂〉ではなく、覚えやすいように〈ムーちゃんパン〉だった。配達の途中、宜野湾の現在の店のある場所に、当時まだメンテナンス中で鉄骨がむき出しの外人住宅を見つけた。鬱蒼と木が茂り、庭に草も生えないほどの薄暗さだったが、明るい風景が目に浮かんだのか、幼い長女と妊娠中の妻・みかさんと一緒に住居兼店舗として借りることを決めた。自分で床を張り、パンを配達しながら、結局、内装工事は2年かかった。

「物件を契約したときに、アメリカ人が手放すっていうガスオーブンを譲り受けたんです。今まで3個しか入らなかったどんとさんの食パンの型が、10個入ったんですよ。パンをこねる時間は相変わらずだったけど、焼く時間は少し短くなって。それからハード系のパンとか焼けたらかっこいいんじゃない？　って、いろいろ試したりして（笑）。東京の『ルヴァン』に食べに行ったのも、この頃かな。僕は最初のきっかけ以外はすべて独学でパン作りをしてきましたけど、『ルヴァ

ン』にだけは、あこがれた部分はあると思いますね」

助産師さんを呼んでみかさんの出産も自宅で行った。友人の工場から作業台をもらい、布を敷いてざるの上にパンを並べ、玄関先を店舗として営業を始める。

「看板も何もないのに、どうしてかたまに買いに来る人がいたんですよ。うわ、すげえ、なんでわかったの？ って（笑）。これは看板くらい出さなければいけないって、道に置く看板をまず作って。ここで店を開いたときに、初めてホームになったんですよね。それまでは配達して売りに行っていて、ずっとアウェイだった。店を構えた瞬間に、『こういうパン屋を探していたんです』っていう人が来てくれた。そんな嬉しいことを言ってくれるんだ！ って思いましたね」

オープンして1年で、さらに進化を遂げる。友人が図書館で見つけてきた『石窯のつくり方楽しみ方』という本を読み、「勢いで石窯を作ることに」なった。

「土木の現場でバイトしたこともあったので、できるでしょ、みたいな感じで仲間を集めて。水平器も透明の管をホームセンターで買ってきて水を入れて作るみたいなところから始めたんです（笑）。どうにかガタガタでもブロックを積んで、やっとできた、万歳！ ってパンをようやく少し焼けるようになってきた4ヶ月目に崩れました。土を詰めて直したんですけど、クラックが入って、火が外に向かってボーッと勢いよく出て行ったときに、これは作り直さないとダメだと（笑）」

初代の窯をバラしながら、どこが弱かったのかを研究する。2代目が5年で崩れた際に、基礎から作り直した。「未だに石垣や城（グスク）を見ると、すごいなと思う」というほど、石積みについて徹底的に研究し、独学で窯を完成させてしまう。このスタイルこそが、宗像堂のもっとも〝らしい〟ところかもしれない。

店舗はあっという間に軌道に乗っていった。さまざまな媒体が取材に訪れて、一気に忙しくなって、スタッフを8人雇ってもパンが売り切れてしまう。「売り切れ御免」で休んでも、自宅でもあるために客から隠れるようにして暮らさなければいけないような状況。プライベートを確保するためにも、店舗を改装することにした。友人である、アーティストの豊嶋秀樹さんに改装を依頼する。彼が取った手法は、ブリコラージュ、つまり現場にあるものを集めて繕うような内装のデザインだった。10回以上も長いインタビューを繰り返し、どうやって形にしていくのかを詰めていった。宗像さんが張った床板はそのまま残されてペンキが塗られ、かつての食器棚の板が現在の店のパンを置く棚に使われている。古い店舗兼住宅の記憶が、空間の中に留められている。

「僕らが目指したのは、例えば庭のブランコだとか、吹いていた風だとか、パンの匂いだとか、そういう空気感を持ち帰ることができるようにっていうこと。それが、この場所を生かしていることになるんじゃないかって思ったんですよね。やっぱり僕は郡山出身の〝外〟の人間なんです。沖縄人になろうとは思っていなくて、外の人間が感じる沖縄、みたいなことを大事にして、それを地元の人に喜んでもらいたい。パンに関しても、素材ありきっていうのは違うんじゃないかって。今、小麦から畑で作ってますけど、それも当真さんという農家が面白いから、やっていること。そういう人のご縁で素材探しも楽しんでいる感覚。土作りをして、その結果として小麦があって、その工程自体を面白いなあって見ているんですよね。ようやく、ゆったり楽しめるモードになったのかな？（笑）」

店を作った当初は、「そう簡単に理解されるもんかっていう意識がパンに宿っていたのかもしれない」と宗像さん。「１００人中数人がわかればいい」というパン。それが、改装された店舗で「この空間の中で働くのが気持ちよくて」、あるいは当真さんと一緒に畑作業をする中で、少しずつ変わっていった。

「いろんな素材が目の前に来るんですけど、それを一番美味しく生かせる方法を考えるほうが楽しいというか、身の丈に合っている。より生活に近い感じがするんです。今、その方向にどんどんシフトしていっている瞬間のような気がします」

変化が、大前提としてあること。より良い環境の中で複雑に影響し合う酵母のように、人もまた変化し、育っていく。宗像堂が、なぜ特別なパン屋なのか。パンの中には、これだけの歴史と思想が詰まっているからか。

まだ夜の明けない真っ暗な早朝から、宗像堂の一日は始まる。時間の経過とともに推移する気温、湿度を感じながら、窯やパン生地と対話をする。パン屋として働く一日の中で何を考え、感じているのか。宗像堂の一日をそれぞれの工程ごとに追った。

宗像堂の一日。

【発酵】

ありのままを受け入れる

「微生物を研究しようと対象を一つの菌に決めてしまうと、それは既に集団で機能している微生物の生態とは違うものになってしまう。微生物、つまり酵母は複雑な集団として存在している。その集団ありのままの生態を受け入れることが、酵母と付き合うということなんです。だから、彼らをコントロールできているっていう感覚もないんですよ。好ましいときだけ一緒に仕事をしてくれるパートナーのような存在。だから、人間側は謙虚にならざるを得ないというか、できるのは、酵母の環境をなるべく整えることだけですから。そして、目に見えない酵母を知覚するためには、自分の感覚を鋭くしていくしかないわけです。指先や舌、皮膚で酵母の存在を感じて、味の深まりを認知するためには、自分の感覚を深めていくしかない。酵母が心地いいと感じる環境を整えるために、謙虚になって自分自身を磨いていく。そうやって酵母と付き合っているうちに、不思議と自分自身と酵母が、相似の関係になっていくんです」

データと感覚のすり合わせから、一日が始まる。

「今日は、かけ継いで678週目の元種を使います」
宗像さんの発酵に対する考え方は特異と言ってもいい。大学院で微生物の研究をしていたこともあって、データを緻密に蓄積していく一方で、非常に感覚的な話を展開していく。脳内で感覚をデータ化しているのだろうが、単にその引き出しだけで話が完結しないのは、毎日、気象も違えば、自分自身も違うから。その当たり前のことを確認することが、日々の仕事の始まり。元種を少し手にとって味を見ながら、「ワインが開いていくように、この酵母も開いていくんですよね。その開くタイミングを見計らっているんです」と語る。

淡々と冷静に。仕事ぶりはほとんど喋らずに穏やかだが、感覚器はフルに稼働を始めている。酵母と共に自分の中に潜り始める。

レシピ制作のために新しく起こした酵母は、何度かけ継げば、宗像堂の味になるのか？　という実験でもある。月桃やライチ、レンブなど、沖縄らしい植物の果実を使った。夜明け前の静謐な時間こそ、感覚が鋭敏になる時間かもしれない。

掃き掃除は、宗像堂の娘たちの仕事。

【成形】

指先の記憶を積み重ねる

「成形の段階では、指先から伝わってくる情報をいかに汲み取るかが、もっとも重要になってきます。その情報を脳ではなく、身体で処理するような感覚。何も考えずに体が反応するという状態にまで持っていくために、日々を積み重ねているようなもの。宗像堂で働いているスタッフたちにも、言葉で伝えることはできない。僕が良い状態だと感じている生地を触らせて、そこからどれだけのものを汲み取ることができるのか。それは、物事に対する向き合い方、日常の佇まいから決まってしまうんですよね。もちろん、僕自身も同じです。日々、きちんとパンと向き合っていれば、自分が更新されている感覚さえある。手ごねであれば、それが明確にわかるんです。不思議と、その人がこねたパンになるんですよね。人格が反映されるというか、何を考えていたのかがわかってしまうというか。どのタイミングで窯に入れるかも、指先の記憶を積み重ねるしかない。身体性こそが、パンに宿るんです」

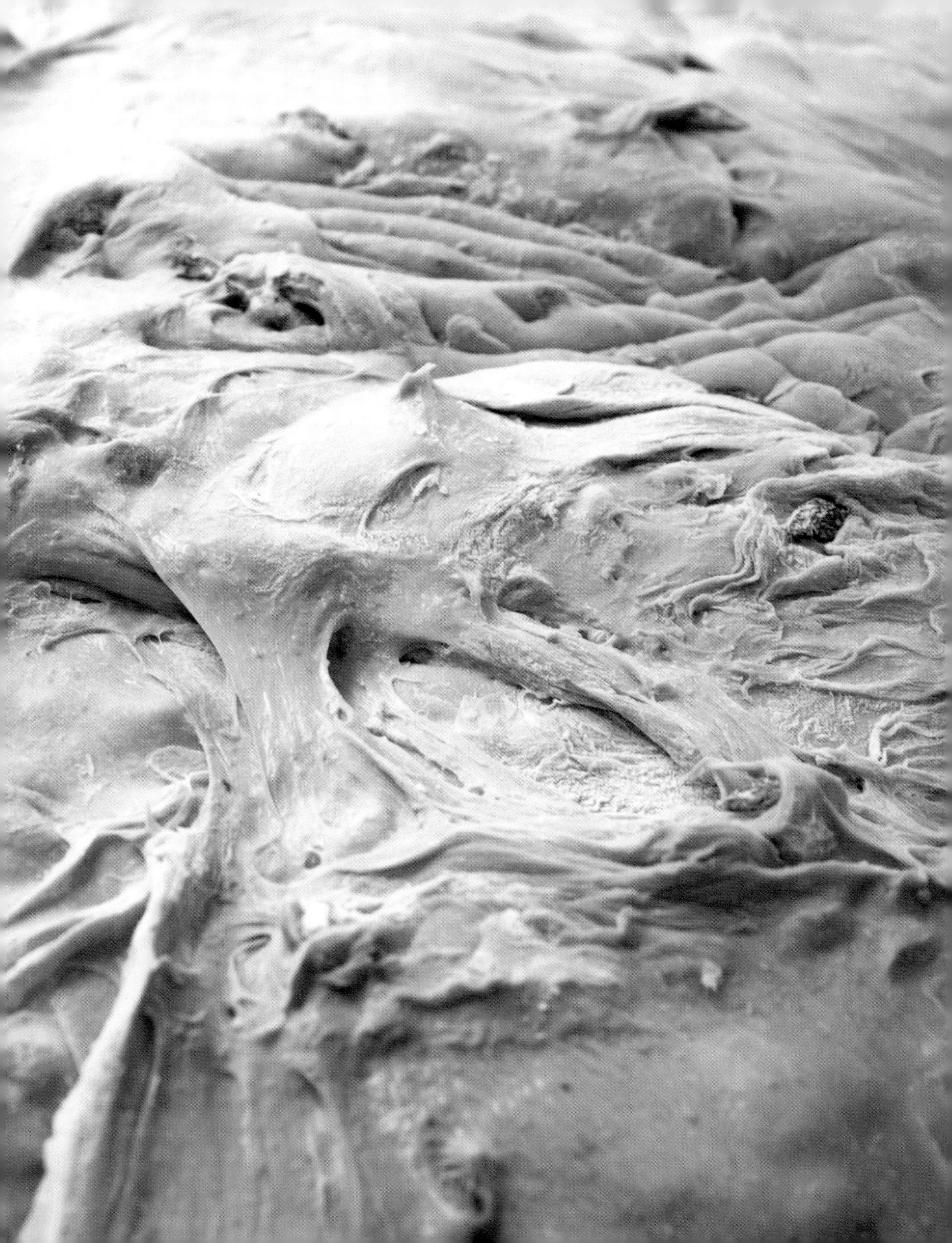

いい仕事、いいリズム。

流体をどうにか固形に留めたような、とても柔らかく、触っていたくなる生地。文字にするとそこから情報がこぼれ落ちてしまうのだが、宗像堂のパンの生地はとても気持ちがいい。その生地を正確に量って、丁寧に切り分けていく。足を開いて腰を落とし、ダン、ダダダンとリズミカルに叩くようにして少しずつ形にしていく。宗像さんの語る「考える前に動いているような感覚」は、成形から、クープ（切れ目）を入れるまで一貫して続くという。まるで禅のようだなと思う。身体が精神を統べる状態。宗像堂のパンの基準は、バゲットだ。丸い生地をのばして折りたたむ工程を2度、中に折り込んでいく工程を3度やって生地を〆る。それから転がして形を整えていく。一連の動きに、一切の無駄がない。

写真は、成形後の生地。よく見ると酵母を仕込む際に使われたにんじんのすりおろしが見える。成形した後の生地は、くっつかないように布に並べて休ませる。確かに生きているような、穏やかな佇まい。

右写真は、フォカッチャの仕上げ。どれくらいの力を入れるのか、それもまた生地との対話が必要となる。左写真、仕込んだ生地の、なんとも言えない柔らかさ。まるで液体を薄い皮の中に閉じ込めたよう。見た目からも伝わる触感。

体が反応する美しさになるまで。

【焼き】

エネルギー転化装置としての石窯

「電気のオーブンレンジからスタートして、アメリカ製のガスオーブンを経て石窯に至っているので、熱源の違いによって、いかに火が通るのかを体得しているんです。石窯の場合は、輻射熱(ふくしゃねつ)を利用しているので直火のパサつきがなく、生地に水分が多く残るのでしっとりとモチモチした食感が出るんです。現在の窯で5代目。4層にしてあるのですが、レンガも土も、砂、漆喰、石灰岩も、かつては生命だったもの。だからエネルギーを蓄えることができる。窯は熱という生命エネルギーをパンへと移すための装置。そしてパンになったエネルギーを食べることで人を生かす。そのエネルギー転化の過程をきちんと把握するため、人間の感覚をきちんと働かせるため、計器類は一切つけない。どうやって火を熾(おこ)せば効率よく、美しいエネルギーとして窯に伝播するのか。火にも美しいものとそうでないものがある。火を熾すたびいつも、吸い込まれそうになるんです」

早朝、火を見つめる仕事。

特注によって石を厚くした電気窯を設置してから、「自分の仕事を検証できるようになった」と、宗像さんは言う。石窯には計器類をつけていないために、何度でどれくらいの時間焼くのかという目安がない。もらってきた廃材の薪も一律ではないために、常に同じ火が熾せるとも限らない。複合的な状況を判断して、エネルギーをパンに転化するという仕事は、多分に野性的な勘が必要とされる。宗像さんにとってはその勘を、電気窯の導入によって、より養うことができるようになった、ということなのだろう。早朝に、じっくりと火を見つめるという仕事。

窯から漏れ出る遠赤外線によって周辺はぼんやり暖かく、吸い寄せられるようにして客が見学に来ている。思わず手を伸ばして、その暖かさに触れたくなってしまう。

薪のくべ方一つで、火は形を変える。冷えた窯を一気に熱するのではなく、夜中に一度火を熾し、早朝にもう一度パンを焼くために窯を熱する。その日の状況に応じて、窯を整えるような作業。美しい火であるほど、ムラなく熱が窯に伝わる。

那覇市西
沖縄ガス㈱配送セン

火が熾り、窯が働き、パンが香る。

均一に思われる窯の中も微妙に温度が違う。窯のどの場所を使うべきか、そのパンに合わせて場所を変える。パンの裏側には、窯のレンガの跡がついている。「この部分がもっとも香ばしく、味わい深い。意識して食べてほしい」と宗像さん。

宗像堂
酵母パン

エネルギーの塊としてのパン。

宗像堂のレシピ。

酵母を起こす

宗像堂は、親切なおばぁに誘われてスタートしているため、その“おばぁが持っていた酵母”をかけ継ぐところから始まり、そのまま現在に至っている。もしも周囲にパン作りをしている人がいたら、分けてもらえばいい。酵母を共有するという、新しい関係性が始まるところも、パン作りの面白いところ。そんな人いない、という場合には、自分でスターターとなる酵母を起こすのもまた面白い。身近で手に入る無農薬の果物や実を、熱湯で殺菌して冷ました瓶に、湯冷ましの水と少しの砂糖と共に入れて常温に置く。3～4日ほどで、シュワシュワと元気に生きている様子がわかるはず。元気がなさそうであれば、様子を見ながらさらに砂糖を加えてもいい。糖は、酵母のご飯なのだ。複数の菌が同居している状態が、大事。“雑味のハーモニー”は、かけ継ぐごとに深い味わいになっていく。今回、宗像堂では新たに、庭になっているライチや月桃の実などを使って酵母を起こしてみた。かけ継ぐ際に、60ページの材料を与えていくと、4～6回目で、現在の宗像堂の味に近づいた。

1. 無農薬の果物や実を用意する。**2.** 熱湯消毒した容器に、湯冷ましの水、少量の砂糖と共に入れる。水は、果物や実に被るくらいの量。**3.** 数日、常温で置く。**4.** シュワシュワと泡が出てくる。もしも出てこなければ、さらに砂糖を少量ずつ加える。泡が出て来れば、スターター（酵母液）の完成。

酵母

酵母にさまざまな経験をさせる。

【材料】

ご飯	軽めに一膳
りんご	1個
にんじん	2本
山芋	半分
黒糖	小さじ1杯
三温糖	小さじ1杯
水	少々
塩	ほんの少し
スターター(酵母液)	大さじ1杯

シュワシュワと起こした酵母の液体（スターター）に餌をやって増やして、パンを作り、余った分にまた餌をやって増やす。という連鎖が“かけ継ぐ”ということ。何で酵母を起こすかよりも、何を餌にして増やすかのほうが、味の決め手になる。宗像堂では、炊いた白米や山芋などを使う。さまざまな種類の野菜を与えるのは、「酵母に経験させる」のが大きな目的。変わった野菜を入れて、変化を楽しむのも、つき合い方の一つ。

1. 材料はほぼ同量でいい。白米は先に炊いて冷ましておく。にんじんは15分ほど蒸す。山芋とりんごは皮をむいてザク切り。種の周りに雑菌が多いので、手を触れないように。**2.** スターター以外のすべての材料をミキサーにかける。**3.** スターター（酵母液）を加える。**4.** 寒いときには、にんじんと白米の温もりで酵母が立ち上がってくるのを待つ。熱すぎては菌が死んでしまうので、ほんのり暖かいくらいの温度で。ふんわりと空気が入るようにラップして、およそ2時間待つ。気温が27℃を超えるようであれば、マメに味見をして、酸っぱくならないように。**5.** 生地種は、小麦粉に対して、酵母2％、水75％を合わせて粉っ気がなくなるまで混ぜ合わせ、冷蔵庫で2日寝かせる。

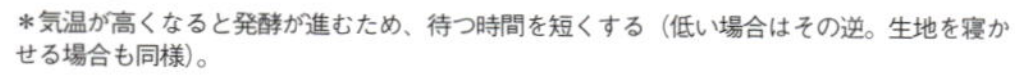
＊気温が高くなると発酵が進むため、待つ時間を短くする（低い場合はその逆。生地を寝かせる場合も同様）。

材料をすべてミキサーにかけて、ペースト状になったところ。米粒やにんじんが判別できるほどでも構わない。冷やご飯を使う場合には殺菌も兼ねて、熱を入れておく。

角食

すべての基礎となるベーシックな角食作り。

【材料】プレーン生地
幅21cm×奥行11cm×高さ12cmの型　1台分

	%	g
黒糖	2	11
三温糖	1	5
塩	2	11
はちみつ	1	5
オリーブオイル	1	5
酵母	8	44
水	65	358
小麦粉（強力粉）	100	561
トータル	180	1000

＊g数が細かいのは、大量に作る宗像堂での分量を家庭用に単純に分割したため。厳密にぴったりしなくてもよい。また、表中%は、小麦を100とした時の各材料の割合。たくさんのパンを作りたい時には、その量に応じて各材料の分量を調節する。

パン作りの基本の一つが、この角食。宗像堂らしい、嚙むほどに深みのある味わいを再現できるはず。パン作りのイメージは、２日間で焼き、１週間楽しむこと。初日は午前中から常温で酵母を起こし、２時間ほど置いて午後から生地をこねる。夕方には分割して、そのまま冷蔵庫へ。翌朝、常温に出して酵母をもう一度起こしてから、成形、少し寝かせて焼きへ。この２日間のスケジュールならば、普段の生活の空き時間をうまく利用して、パンが焼けるはず。

1. 冷蔵庫に入れていた酵母を常温に出して起こす。目安は気温27℃で２時間。**2.** 生地をこねる。それぞれの材料を少しずつ水で溶いてから小麦粉と混ぜる。材料が馴染んだら濡らした布巾をかけて寝かせておく。こね上げの生地温度は、26℃が目安。小麦粉は2回に分けると混ぜやすい。小麦粉をブレンドして使う際には、より味の中心としたい小麦粉を寝かせた後から加えて、こねる。**3.** 冷蔵庫で３時間休ませる。**4.** 分割の１時間ほど前に常温へ。**5.** 分割して休ませる。目安は気温25℃で４時間。冷蔵庫に入れれば、発酵を遅らせることができるので、翌朝になっても大丈夫。**6.** 成形。常温で４～５時間置いて、焼きへ。195℃で50分。

酵母を用いて、生地をつくりだす。

1. 小麦粉とオリーブオイル以外の材料は、分量内の水を使って、少しずつ溶いてから加えていく。酵母も少量の水で溶く。**2.** 水に溶いたそれぞれの材料を、小麦粉を100g残して、混ぜていく。**3.4.5.6.** 混ぜる順番は「さしすせそ」。まず、砂糖から。塩も水に溶いておく。オリーブオイルは最後の仕上げに取っておく。

9 8 7

12 11 10

7〜9. 材料を手で混ぜていく。全体が馴染んでまとまりつつも、まだザラッとした質感が残った状態で一度止める。**10.** 濡れた布巾をかけて、15分ほど休ませる。**11.** 残りの100gの小麦粉を追加。小麦粉をブレンドして使う場合、風味をより強調したい小麦粉を後から加える。**12.** 全体を馴染ませていく。

13. 全体がまとまったらボウルから出して、打ち粉を振った台の上に出す。**14.** 指でつまんで、これくらいの柔らかさ。まだ引っ張ると切れてしまう。**15.** オリーブオイルを入れる。**16.** 持ち上げて台に叩きつけてこねる。これを何度も繰り返す。**17.** こね上げの目安は、これくらい。引っ張ると、薄く伸びる。こね上げの温度の目安は、26℃。**18.** 容器に入れて、冷蔵庫で３時間休ませ、１時間常温に置く。密閉しないように。

分割、成形の手順。できるだけ優しく、丁寧に。

1. 分割。１つ330gになるように分けていく。**2.** 切り口を中に閉じるようにたたむ。**3.** 少し丸く整える。**4.** 気温25℃で４時間ほど休ませる。時間は厳密である必要はなく、１つの目安として。生地がくっついてしまわないようにキャンバスのパンマットを使う。**5.** 成形スタート。生地を半分にたたんで長方形にしていく。**6.** 両端を内側へたたみ、上下をひっくり返して上から下へたたむ。

7.8. もう一度、両端を内側にたたむ。**9.** 上下をひっくり返し、下から一度たたむ。左右の角を折って、この状態。**10.11.12.** 真ん中に親指を入れて立て、３回に分けて段階的に折り込んでいく。３回目は、親指を挟むようにして上から叩いてくっつけていく。コッペパンのような形に。

13.14.15. コッペパンのような形から親指を中心として、丸めていく。**16.** くるりと巻いて、丸くなったらオーケー。丸めながら生地をギュッとしめるイメージ。**17.** 型には植物性オイルを塗っておく（分量外）。ふたにも忘れずに。この３つを型に並べておく。目安は25℃で４時間休ませ、型の８分目まで膨らんだらオーブンへ。**18.** 180〜200℃で50分ほど。完成！

15 14 13

18 17 16

宗像堂の代表作であるギュッと詰まった角食。ふんわりと柔らかいというよりも
酵母パンらしい濃厚さと食感が特徴。噛むほどに、味わい深い。

レザン

プレーン生地のアレンジとしてのレザン。

【材料】1個分

プレーン生地	312g
レザン(レーズン)	28g
粗挽き全粒粉	16g

1.2. p65の写真17の状態のプレーン生地に、レザンと粗挽き全粒粉を混ぜる。**3.** こね上げの生地温度は26℃が目安。冷蔵庫で4時間休ませた生地を成形していく。**4.** まずたたむ。**5.** たたんで少し平らにした状態。**6.** 先ほどの反対側からもう一度たたむ。**7.** 縦にして丸めていく。**8.** コツは親指を包み込むようにすること。**9.** この形へ。**10.11.** 霧吹き水をかけて、粗挽き全粒粉（分量外）を表面につける。**12.** 常温で2～3時間休ませたら、焼く直前に深めのクープを1本入れる。225℃のオーブンで35分焼く。

表面の焦げた麦が香り高く、レザンの甘みとマッチする。
カリッとした皮ともっちりとした中身のバランスを楽しむことのできる食事パン。

サブリナ

プレーン生地を使った宗像堂オリジナルのパン。

7 3 2 1 6 5 4

【材料】5個分

プレーン生地	410g
レザン	35g
粗挽き全粒粉	20g
ローズマリー	適量
ザラメ	適量
オリーブオイル	適量

1. 使うのはレザン同様、プレーン生地にレザン、粗挽き全粒粉を混ぜ合わせたもの。**2.** 生地のこね上げ温度は、毎回のデータのために測って確認してもいい。26℃が目安。**3.** サブリナは、1つ90gが目安。**4.** 分割して寝かせた生地を、成形していく。左右からたたむ。**5.** 上下も同様にたたんで、長方形に。**6.** 常温で2時間寝かせて、オーブンに入れる1時間前にオリーブオイルを表面に塗る。**7.**ドライのローズマリーとザラメを表面に散らして、オーブンへ。195℃で20分焼いた後、220℃に温度を上げて8分。最後に表面を焦がすようなイメージで。

ローズマリーの苦みとザラメの甘みが香ばしいサブリナ。
プレーン生地を応用して作ることのできる、宗像堂オリジナルのパン。

バゲット

シンプルで奥の深い、料理の最良の友。

【材料】バゲット生地
1本

	%	g
塩	2	3
酵母	8	13
水	66	106
生地種	15	24
小麦粉(強力粉)	100	154
トータル	191	300

バゲットも、作るリズムは基本的に変わらない。初日の午前中ににんじんや山芋のレシピで酵母を起こし、午後には生地をこねて夕方に分割。翌日に成形、焼きというリズム。どのタイミングで焼くのか、判断が難しいかもしれないが、宗像さん曰く「ストライクゾーンは数時間ある」ので、何度もトライして指先に記憶を蓄積させていくと、自分好みのバゲットを焼くことができる。バゲットは、食事と一緒に食べることのできる、もっとも汎用性の高いパンではないだろうか。

1. バゲットでは、生地を作る際に酵母のほか、生地種、いわゆるルヴァン種を使う。生地種は、小麦粉に対して、酵母2%、水75%を合わせて粉っ気がなくなるまで混ぜ合わせ、冷蔵庫で2日寝かせる。**2.** 冷蔵庫に入れていた酵母と生地種を常温に出して起こす。目安は気温27℃で2時間。**3.** 生地をこねる。それぞれの材料を少しずつ水で溶いてから混ぜる。小麦粉は2回に分けると混ぜやすい。材料が馴染んだら濡らした布巾をかけて寝かせておく。こね上げの生地温度は、23℃が目安。**4.** 冷蔵庫で4時間休ませる。**5.** 分割。気温25℃で4時間を目安に休ませる。冷蔵庫に入れれば、発酵を遅らせることができるので、成形は翌朝になっても大丈夫。**6.** 成形。常温で20〜40分ほど置いて、オーブンへ。230℃で20〜30分。

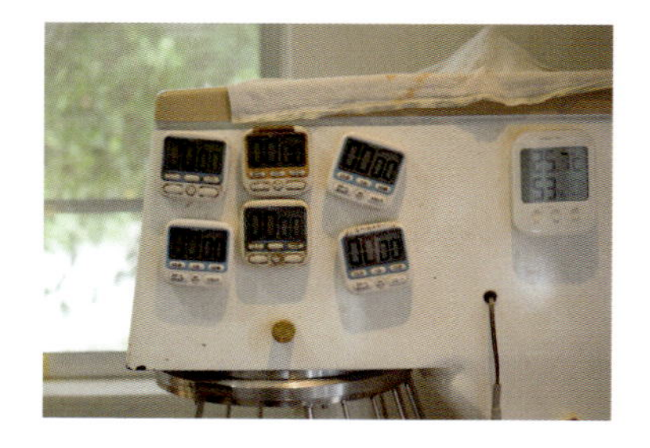

バゲット成形の手順。生地をシメるような感覚で。

1. こね上げ直後の生地。これくらいの伸び感が目安。冷蔵庫で4時間休ませる。成形前に常温に戻す際に、生地がダラっとなりすぎない程度に。**2.3.** 成形。上半分の生地を折り、左右の端を少し内側に折りたたむ。上下をひっくり返して、もう半分も同じように。左右を整えて長方形にする。**4.5.6.** さらに親指を挟み込むようにして折りたたんでいく。3回折りたたんで、長い状態にしていく。**5**は1回目の折りたたみが終わった状態。

7. ２回目の折りたたみが終わった状態。**8.** ３回終わったら、くるくると転がして形を整える。伸ばして細くしすぎないように。オーブンの大きさに長さを合わせる。**9.** 20〜40分ほど休ませる。シメ加減で時間が変わる。**10.** 移動するときは、薄い板を使ってひっくり返す。鉄板にはクッキングシートを。**11.** クープを５本。躊躇なく、スッスッスッと。**12.** オーブンへ。220℃で20〜30分。

9 8 7

12 11 10

クープを的確に入れることができれば、美しい模様となって表れる。
しっかりとした味がするのに、料理を美味しく食べ進むことのできる最良のパン。

メランジェ

バゲット生地で作るアレンジ。

3 2 6 4 1 5

【材料】1個分

バゲット生地	200g
カレンズ	20g
くるみ	12g

1. 生地をこね上げた段階で、オーブンで軽く焼いたくるみとカレンズを投入。量は好みで。できるだけ多く入れたほうが楽しい。**2.** 混ぜ上げた状態。**3.** カレンズをできるだけこぼさないように形にしていく。**4.** 一度丸めて、冷蔵庫で４時間、休ませる。**5.6.** 成形はレザンと同じ形のサイズ違い。半分にたたみ、反対側からもう一度たたんで、縦にして、親指を包むようにして丸める。クープは、４本。平行に入れる。オーブンに入れ、225℃で30分焼く。

同じ生地にくるみやカレンズなどを入れ、サイズを変えるだけでまったく違うパンになる。
宗像堂の手法をわかりやすく実感できるパンかもしれない。

黒糖チーズ

黒糖の複雑な甘みを味わうため。

【材料】黒糖生地
5個分

	%	g
黒糖	17	32
三温糖	1	2
塩	2	4
はちみつ	1	2
オリーブオイル	1	2
酵母	15	29
水	52	103
生地種	6	11
小麦粉（強力粉）	100	190
トータル	195	375

沖縄の食材である黒糖を生地に練り込んだ黒糖パンも、宗像堂らしいパンと言える。実は黒糖は、島（産地）によっても、年度によっても大きく味が変わる。宗像堂では、伊江島の年度の違う黒糖をブレンドして使っている。ただし、黒糖パンといえども、基本的な流れは変わらない。大きく違うのは、最初の材料の混ぜ方だろうか。黒糖をきちんと生地に馴染ませることに注視することが大切。混ぜ始めてから17秒後に黒糖を入れるのがコツ。パン作りには繊細さも求められる。

1. バゲットと同じように、酵母のほかに生地種を使う。**2.** あらかじめ仕込んで冷蔵庫に入れていた酵母、生地種を常温で起こしておく。**3.** 生地をこねる。それぞれの材料が馴染むように。小麦粉は2回に分けて混ぜていく。**4.** 生地は冷蔵庫で4時間休ませてから分割。**5.** チーズを包み込むようにして、成形。ハサミで切り込みを入れる。オーブンに入れて、195℃で20分。

ほんのりと甘く優しい、黒糖生地を作る。

4 3 2 1 7 6 5 9 8

1. 材料を用意して混ぜる。それぞれ水に溶いてから混ぜたほうがスムース。**2.** 黒糖は混ぜ始めてから17秒経ってから入れたほうが、仕上がりがいい。**3.** 小麦粉は100g残して、2回に分けて入れる。**4.** ダマになってしまった黒糖をできるだけ潰すようにして仕上げていく。**5.6.** 全体が混ざるとこんな感じ。まだボソボソとした感じが残っている。**7.** オリーブオイルを入れて、こね上げる。**8.** すると滑らかになって、引っ張ってここまで薄くできる強い生地になる。**9.** 形をまとめて、冷蔵庫へ。

黒糖生地で、チーズを包む。

4 3 2 1 5 7 6

【材料】5個分

黒糖生地	375g
チーズ	75g

1. 1つ75gに分割し、冷蔵庫で4時間休ませた生地を成形する。**2.** 常温で少し置いて生地を戻したら、チーズを包んでいく。チーズは好きなものを。ただしブロックのほうが使いやすい。**3.** 巾着のように伸ばしてつまんでおく。**4.** 形を丸く馴染ませて完成。**5.** 40分ほど置く。温度が高いと発酵が進んでしまうので、保冷剤で25℃前後をキープ。**6.** 切り込みを1回入れる。ハサミはチーズに届くほど深く。**7.** 霧吹きで水をかけてからオーブンへ。220℃で20分。

とろけて焦げたチーズが食欲をそそる黒糖パン。
冷ましてももちろん美味しいが、焼きたてがたまらないパン。

recipe_08

パンに合うスープ

肩ロースと玄麦の入った
イーチョーバのスープ

麦の味を読谷バゲットと共に堪能する。

1. あらかじめ肩ロースに天然塩・粒の黒胡椒をまぶして、紅茶（ダージリン）の出がらしの葉と一緒に一晩つけておく。出がらしと一緒に漬けておくことで柔らかく味が深くなる。葉によって味も変わる。
2. 玉ねぎを乱切りにして、菜種油（分量外）をひいた圧力鍋でしんなりするまで炒め、そこに潰したにんにく、みじん切りの生姜を加える。
3. 火を通し、さらに乱切りにしたにんじんを加え、ひたひたになるまで水を入れ、すぐに玄麦を加える。玄麦が手に入らない場合にはなくても可。中火をキープする。
4. にんじんに少し火が入ってきたら、適当なサイズに切った肩ロース、大きめのサイズに切ったじゃがいもをダイナミックに投入。白ワインもこのタイミングで入れる。
5. 中火のまま、圧力をかけて煮込む。蒸気が出てから10分ほどしたら火を止める。
6. 圧力が抜けたら塩胡椒で味を調える。皿に盛りつけ、最後に沖縄ではイーチョーバと呼ばれているフェンネルを刻んで散らして完成。

【材料】4人前

- 玉ねぎ …… 3個
- にんじん小さめ …… 3本
- じゃがいも …… 3個
- 豚肉の肩ロース …… 2かたまり
- 玄麦 …… ひとつかみ
- にんにく …… 3かけ
- 生姜 …… 1かけ
- イーチョーバ（フェンネル）…… 少々
- 紅茶の出がらしの葉 …… 適量
- 白ワイン …… ½カップ
- 天然塩 …… 少々
- 粒の黒胡椒 …… 数粒
- 胡椒 …… 少々

豚バラとアサリのスープ

パンに浸して食べる、魚介と肉の合わせ出汁。

1. 豚バラのスライスを塩胡椒で揉む。
2. 乱切りにした玉ねぎを、菜種油（分量外）をひいた圧力鍋で透き通るまで炒め、さらにみじん切りにしたにんにく、生姜を加えて火を通す。玉ねぎ、にんにく、生姜がスープを作るときの基本セット。
3. 大きめに切った冬瓜、にんじんを加えて、具材が隠れるくらいまで水を入れる。冬瓜が出回っていない季節には、大根でも応用できる。火加減は、ずっと中火でよい。
4. 玄麦、さらに豚バラを入れる。
5. トマトをざく切りにして入れ、圧力をかけて蒸気が出てから5分待ち、火を止める。トマトは崩れてしまうが気にしない。
6. 20分ほど寝かせてから、白ワイン、砂出ししたアサリ、適当な大きさに切ったからし菜、刻んだレモンタイムを同じタイミングで入れて、強火にして、一煮立ちさせる。
7. アサリの蓋が開いたら、塩胡椒で味を調えて、完成。

【材料】4人前

- アサリ ……… 1パック（10～15個程度）
- 豚バラ（スライス） ……… 200gほど
- 冬瓜 ……… ¼個
- にんじん小さめ ……… 3本
- 玉ねぎ ……… 3個
- トマト ……… 2個
- からし菜 ……… 1把
- 玄麦 ……… ひとつかみ
- にんにく ……… 3かけ
- 生姜 ……… 1かけ
- 白ワイン ……… ½カップ
- レモンタイム ……… 少々
- 天然塩 ……… 少々
- 胡椒 ……… 少々

白身魚と麦のアクアパッツァ

バゲットとよく合う、野菜の甘みと魚貝の旨み。

1. 沖縄の3大高級魚の1つであるアカマチに塩を振っておく。白身魚であれば、どんなものでも構わない。

2. 乱切りにした玉ねぎを、オリーブオイル（分量外）をひいた圧力鍋で透き通るまで炒め、潰したにんにくを加える。

3. 玄麦と水2カップを加え、中火で圧力をかけて10分。玄麦の食感は、水につけたり、火にかける時間を長くしたり、好みに合わせて調整する。

4. フライパンでみじん切りの生姜をオリーブオイルで炒め、そこにアカマチを入れて皮にしっかりと焼き目がつくまで両面を中火で焼く。砂出ししたアサリ、白ワイン、水½カップ、ざく切りにしたからし菜とじゃがいも、そのままのオクラ、シシトウ、プチトマトを入れて、蓋をして蒸し煮にする。アサリの蓋が開いたらできあがり。

5. 大きめの皿に玄麦を敷き、その上にフライパンで仕上げたアクアパッツァをのせて塩胡椒で味を調えて完成。できるだけアカマチの身が崩れないように。

【材料】4人前

- アカマチ（白身魚） …… 1尾
- アサリ …… 1パック（10～15個程度）
- 玉ねぎ …… 3個
- じゃがいも …… 3個
- からし菜 …… 1把
- オクラ …… 5本
- シシトウ …… 5本
- プチトマト …… 6個
- 玄麦 …… ひとつかみ
- にんにく …… 3かけ
- 生姜 …… 1かけ
- 白ワイン …… ½カップ
- 天然塩 …… 少々
- 胡椒 …… 少々

宗像堂のパン、全部。

微妙な違いの総体から立ち上る、宗像堂らしさ。

宗像堂の楽しさの一つは、間違いなくパンのバリエーションの豊かさにある。同じ生地でも、ほんの少し形を変え、レザンやクルミなどを加えることによって、まったく違う味わいになる。あるいは数種類の小麦粉のブレンドを変えると食感や香りが複雑に立ち上がってくる。個性とは、単に強烈な特徴から表れるものではなく、微妙な違いの総体によって表現されるもの。同じ窯から焼き上げられた少しずつ違う味わいを選ぶ楽しみ。宗像堂のパン、全部。

ライ100+α

ドイツ人の友人からの、いろいろなものが入ったパンが食べたいというリクエストに応えたライ麦100%パン。胡桃、オレンジピール、イチジクなど。

ライ麦入りカンパーニュ

納得いくサワー種に仕上げるまでに半年かかった力作。3種の酵母を使っている。食事の友として、煮込み料理にも、ワインにも非常に合うパン。

ライ麦100

サワー種独特の“花のような香り”を鼻腔の奥で感じられるパン。ブルーチーズのほか、ベリー系のジャム、はちみつと組み合わせても美味しい。

ドライトマトとカシューナッツのバゲット

イタリアで食べたドライトマトの衝撃的な旨さを細かく刻んで使うことで再現。ドライトマトは葉山の食材店『タントテンポ』から。

イチジク&クルミ

子供の頃に木になっていたイチジクを摘んだ記憶が練り込まれているようなパン。大きめのイチジクとクルミは、食感を楽しむことができる。

クルミ&カレンズ

宗像堂の最初期からあるルーツ的なパン。名店『ルヴァン』のメランジェと出会ったときの感動を落とし込んだ。野葡萄たっぷりの甘くないパン。

読谷カントリーブレッド

読谷の小麦を、もう少し食べやすくアレンジしたパンで、より柔らかいのが特徴。南城市の名店『胃袋』の料理会などでも使われている。

読谷カンパーニュ

自分たちの畑で採れた麦の美味しさを最大限に引き出すことを考えたハード系。読谷の小麦は特徴が強いため30%に。ブレンドで仕上げ。

カシューナッツ&くるみ

自分たちで栽培を手がけているために、毎年少しずつ進化している読谷小麦を使ったもの。その特徴が、ナッツ感と見事に共存している。

とうま100%

とうまとは、読谷で無農薬農家をしている当真嗣平さんのこと（p116〜参照)。その名を冠してしまうくらい力強さ、痛快さが小麦から感じられる。

バゲット(太)

宗像さんが自分で食べるときに選ぶのが、この太いバゲット。ぶつ切りにして、ワシワシと食べる感覚は、宗像堂のパンの理想を体現している。

読谷バゲット

全粒角食と同じ生地ながら、バゲットの形にすることでまったく違う食感に。形の違いによって、これだけ変化するのかという驚きの品。

全粒角食

宗像さんが「へばっているときに食べたくなる」と語るのは、それだけエネルギーが詰まっているから。全粒粉30%の生地を型で焼いたもの。

全粒黒糖イギリスパン

全粒粉のパンどれかしら?　という女性からの声がたまたま聞こえたことがきっかけで生まれたもの。全粒粉を食べ慣れていない人にも食べやすい。

読谷小麦入り山食パン

全粒粉の比率を下げた、読谷カントリーブレッドと同じ生地を使っている。表面にまぶした読谷小麦の粒々の食感も効いている。

プレーン角食

宗像堂の基本となるプレーン生地。食パンでありながら、噛むほどに味わい深い。"宗像堂らしさ"を感じさせる。毎朝食べても決して飽きない。

黒糖山型食パン

伊江島産の黒糖を使った山食。実は黒糖は年によって味も色もまったく変わるため、好みに合わせて年度の違う黒糖をブレンドして使っている。

パン・ド・ミー

バゲット生地の食パン。スープや食事にもとても合う。バゲット同様、たっぷりの新鮮なオリーブオイルをつけて食べても旨い。

黒糖シナモンロール（大）

ほんのり、ではなく、きっちりとシナモンを効かせてある。それに合わせて甘みも塩気も、きっちりと。宗像さん曰く「パーティー向け」のパン。

バナナ・こくるれ（大）

宗像堂の中で、常に一番人気のパン。こくるれとは、黒糖・クルミ・レーズンのこと。卵アレルギーなどでケーキが食べられないお子さんにも。

ピタぱん

宗像堂のパンの中では地味に見えるかもしれないが、コアなファンは必ず手を伸ばすピタぱん。ゴロッとしたスープでもサラダでも入れられる。

カレンズ!! カレンズ!! カレンズ!!

生地と混ざるギリギリまでカレンズが練り込まれている贅沢。宗像さんのフランスに暮らす友人は、サラミや生ハム、ワインと一緒に食べるそう。

黒糖ベーグル

同じ生地を違う調理法で味わう、というコンセプトのもっともわかりやすい例はベーグルかもしれない。特有のもっちり感は、満足感につながる。

クッペ

バゲット生地を使ったもの。バゲットでは食べきれないというときには、こちらを。ちぎって食べるという行為の美味しさをバゲット同様味わえる。

ドライトマトとカシューナッツのベーグル

葉山の食材店『タントテンポ』から取り寄せているドライトマトの酸味とカシューナッツの甘みが実にほどよい。味のバランスを楽しめるベーグル。

全粒黒糖ベーグル

全粒粉＋黒糖という濃厚な組み合わせ。ベーグルは表面の皮の食感が重要なため、黒糖が入った生地は、しっかりめに焼き戻している。

カシューナッツとくるみのベーグル

通称・カシュクル。宗像堂の特徴は食後の満足感にある。特に“具”が多く入ったベーグルに顕著だが、生地と具材とのバランスが際立っている。

全粒黒糖くるみベーグル

黒糖にクルミが入ったベーグル。もっちりの中にクルミのサクッとした食感がアクセントに。ナッツ類の入ったパンはおやつとしてもオススメ。

プレーンベーグル

宗像堂のベーグルには、顎が疲れるような嫌な硬さはなく、ふんわりもっちりとしていながら、噛むほどに味が増していく。プレーン生地。

読谷ベーグル

もちろん、具材がなくとも小麦の違いで魅せる。表面に読谷小麦を散らすことによって、香りが一層引き立つ。ベーグルの旨みはやはり皮にある。

読谷フォカッチャ

当真さんの小麦を中挽きにして使っている、香り高いフォカッチャ。窯に入れる直前にオリーブオイルを塗って焼くことでより柔らかい食感に。

レザンベーグル

レーズンが練り込まれたベーグルの表面に小麦を散らして焼き上げている。いわば“ぶどうパン”のような、どこか懐かしい感じが漂う。

ローズマリーと粟国の塩のフォカッチャ

宗像堂の定番の食事パン。味の決め手はやはり塩。粟国島(あぐにじま)で作られている釜炊きの塩は、宗像さんの好みにも合う。噛むほどに深みのある味わいに。

ドライトマトとカシューナッツのフォカッチャ

ベーグルでも同じ組み合わせがあるように、定番とも言える酸味と甘みの組み合わせ。フォカッチャだと、より食事パンとしての要素が強くなる。

全粒黒糖くるみのプチパン

右下の「ココプル」の余り生地を使った小さなパンは、ほんのりココアの味がする。サイズが変わると食べ方も味さえも変わるという好例。

プレーンあんぱん

天然酵母らしい独特の酸味と、あんこの甘みの組み合わせはもはや鉄板。現在は取り寄せている小豆も、将来的には自分たちで生産したいという。

黒糖あんぱん

柔らかく、食べやすく仕上げている。黒糖はやはり風味がいい。あんこを味わうためではなく、パン生地を引き立てるためにあんこがある。

全粒黒糖マフィン

女性一人でも買いやすいマフィン。つまり、食べきりサイズということ。時に重く感じられる全粒粉も、このマフィンは柔らかく、食べやすい。

サブリナ

イタリアで食べた“美味しくない”ローズマリーのパンが印象に残り、改良したのがサブリナ。イタリアで出会った愛妻家のパン屋の名を付けた。

ココプル

ココナッツクリームチーズとプルーンのパン。プルーンは、ラム酒で漬け込んでいる。小さいながらケーキのような満足感がある。

黒糖チーズあんぱん

チーズのしょっぱさとあんこと黒糖の2種類の甘み。このしょっぱ甘いという組み合わせは、郡山育ちの宗像さんの幼少期の記憶から導かれたもの。

読谷小麦マフィン

サイズ、あるいは焼き方を変えることでパンの食感はまったく変わる。マフィンの円筒形にすることで、柔らかく、食べやすくなっている。

黒糖シナモンロール（小）

p95の３つ連なったシナモンロール（大）がパーティー向けならば、スタンダードサイズのこちらは３時のおやつ向き。しっとりと食べ応えあり。

パン・オ・ショコラ

名前からはデニッシュを想像してしまうが、宗像堂らしく歯応えのしっかりした噛むほどに味わい深いショコラ・パン。成形が難しいパンでもある。

読谷チーズ

オランダ産のゴーダチーズがパン生地と相まって深みを与えている。ハサミで入れた切り込みの表面の“焦げ感”も味わいのポイント。

定番ピザ

トマトを煮詰めて作ったソースももちろん自家製。薄いピザ生地を作るのではなく、パン生地をそのまま薄くのばして使っているのも、宗像堂らしい。

バナナ・こくるれ（小）

人気No.1。小サイズながら具もたっぷりで大満足のパン。角切りバナナを練り込むと、変色して黒くなりづらい。クルミとレーズンもたっぷりと。

イチヂクくるみショコラ

小さくて可愛いけれど「表情をつけるのも、クープを入れるのもすごく難しい」という。チョコがはみ出さないように技術がギュッと詰まったパン。

山原島豚（やんばるしま）ソーセージ・ベーグルロール

名護市にある『我那覇ミート』のソーセージをベーグル生地で包んだもの。肉の旨み、生地の旨み、どちらも噛むほどに味わい深く、相性抜群。

黒糖チーズ

ほんのり甘じょっぱい味わいは、宗像さん曰く「食べてびっくり」の驚きのある味。溶け出たチーズがカリッとして、食感に変化を与えている。

言葉を、重ねる。

沖縄の記憶と共に歩み、
豊かさを作り出すこと。

大嶺實清

●陶芸家

革新的であること。やちむんの里で読谷山窯を営み、沖縄を代表するアーティストとして知られる大嶺實清と宗像の共通点は、前に進もうとする強い意志にあるのかもしれない。沖縄北部、今帰仁村の海に浮かぶ屋我地島で生まれ育ち、変わりゆく沖縄の姿をその目に映してきた大嶺さんが語る言葉には、ユーモアと同時に強烈な批判も含まれる。沖縄という土地について、あるいは何かを作り出すことの豊かさについて語り合う二人。晴れた日の昼下がり。何十年とかけて育てた大嶺さんの庭や畑を回りながら、パンがつないだ不思議な縁を感じさせる時間だった。

大嶺　僕は、ミェのほうが好きだから。地域の方言ではね、ミェってご飯のことだ。沖縄の言葉では、米はクミって言うんだけど、新しいクミで、ミーグミ。ミーグミで炊いた新しいご飯のことをミーミェって言うんだよ。このミーミェのイメージがもう小さい頃から、今でもこれだけは拭えないね。すごくいい香りで、いい味だ。田んぼから刈り取って、脱穀して、食べる。ミーミェ。これに勝る味はないような感じがするね。パン屋さんにそう言ったら怒られるけどね。ミェ派なんですよ。どうしても。

宗像　(笑)。僕もそうですよ、米、大好きです。

大嶺　小さい頃は麦とかパンは、主食の中に入ってなかったね。芋とミェ、この二つが主食だよね。芋でも十分にないくらい貧乏な島で育っているからね。俺ね、戦争中は4~6歳くらいだな、ソテツ地獄も味わってるんだよ。ソテツ地獄を味わったから、味に関してはもう底辺からずっと積み上げているから、今は美味しいのがいいね(笑)。昔は長男を盛り立てるでしょう。うちの親父は三男だから、もう奴隷みたいなものだ(笑)。でもミーグミが手に入ったときに、父の母ね、おばあちゃんがミーミェを配りよった。あの味だけはどうしようもなく残っているな。高校入ってからかな、戦後15年ぐらいでね、田んぼが一気になくなるんですよ。国策でサトウキビを奨励したから。国家戦略で黒糖を作るために、田んぼが一気になくなったの。全部埋め立てて畑にして。金になるから。

宗像　食料はあったんですか?

大嶺　ないない。金になるっていう触れ込みだよね。だから、田んぼとミーミェの味っていうのは、僕にとっては生活の熟成の象徴だったよね、今、考えると。熟成したんだね。つまり自給自足の発想で、余ったものは外に出すみたいなね。サトウキビの時代になってからも、それぞれの集落で馬に車を引かして、絞って、そういう製糖だった。でもサトウキビは最初からどんどん外に出していたな。麦は行事行事のお菓子に使っていたくらい。大麦、小麦、もうなんでも作ってた。サーターアンダギーとか、そういう天ぷら関係に残っているね。麦は貴重なものだったわけ。脱穀して石臼で挽いて、粉にして。だから子供の頃は、主食ではないけれども、いいイメージなんだ、麦は。でもね、戦後の植民地時代にはメリケン粉が大量に送られてきて、虫が湧いているものも食べていたから。

宗像　穀象虫ですね。

大嶺　今、考えると戦時中に生産過剰になった廃棄物をアメリカは植民地に送っていたんだろうね。

宗像　牛乳と小麦ですよね。

大嶺　名護に高校があったんだけど、そこの寄宿舎に入ったら、朝昼晩と3食このメリケン粉を食ったんだ。何百人が食べるからね、大きな鍋にすいとんの団子汁を作って、沸騰すると虫が浮いてくるんだよ（笑）。

宗像　うわあ。

大嶺　下級生には、その団子さえ当たらない。野菜も何も入ってない汁を飲んで、こんなに元気に育ったんだ（笑）。ひどい食事だった。だから、メリケン粉に対するイメージはすごく悪い。でもね、復興の時代にはメリケン粉にイースト菌入れて蒸した、パンというよりまんじゅうだよね。豆を炊いたあんが入っていて、あのまんじゅうは覚えているな。小遣い貯めて買いよったね。僕の中にはあの頃の食生活がずーっとあるから。今は、パン屋も多くなったね。

宗像　増えましたね、天然酵母のパン屋が。

大嶺　今、話したようにね、僕は、パンはあんまりわからないんだ。ところが（宜野湾の）嘉数高台（かかずたかだい）に面白いパン屋ができたっていうことから、僕の中でパンをすごく意識したね。どんなパンだろうって。で、行ってみたら面白かったね。

宗像　嬉しいです。最初にお会いしたときに、パンを持っているか？　って聞かれて。お渡ししたら、器でも見るようにじっくりと見てくれて。もう裸を見られているような気持ちでしたから（笑）。もう完全服従っていうか。

大嶺　人間というのは面白いじゃないですか。こんな人が作っているって言われると、なんだろうって。面白いパンでした。自然の酵母から一生懸命やっているでしょう。そのパンが生まれる工程、プロセスがきちっと見えてる感じがする。だからごまかしがないね。だからブレずに続けるといいかなあと思うんだ。つまり、未来につながっていくのかなと思っている。

宗像　先生の作品の中に「家」のシリーズがあるじゃないですか。あれは、先生が生まれた島の塩屋ですか？

大嶺　そう。不思議なことにね、僕は抽象表現をずっとやってるつもりだったんだが、ここへ来て、ちょっと長生きし

おおみね・じっせい　1933年沖縄生まれ。1980年代に読谷に移り、「読谷山窯」を築窯。以降、中国、タイ、メキシコなど土器の現地焼成を多く行う。90年代は陶壁制作、2000年代は原土を無垢で焼くことに集中していった。

すぎたのか、自分の造形感覚が島に戻ったね。その島のイメージに、今は支えられている感じがするね。原風景。ただ壊れるのが早かったね。まず田んぼから始まって、パインブームですよ。パインを植えるために森を全部ハゲ山にした。何より植民地っていうのが嫌だったね。米軍の軍人が周りにいっぱいいて、夜中に女の子を奪いにきたら、村中で追っ払ったりさ。まあ、その戦前戦後の原風景が自分の中にあって、田舎に生まれてよかったなあとずっと思ってる。風の音、潮騒。海鳴りって聞いたことある?

宗像 わからないです。

大嶺 海は音がするんだよ、ゴーって。その音で、お年寄りたちは台風が来るとか、海鳴りで判断してた。空の青さとか雲の流れとかね、ずっと忘れていたけれど、今頃になってわーっと蘇ってきて、そこへ引っ張り込まれた。そこから、食べ物の話にもつながっていくわけだ。だから変な食べ物あんまり好きじゃない。

宗像 先生の作品は、原風景とか、土地と絡みついている力強さみたいなものが、ものすごく強烈で。

大嶺 それしかないんだよ。

宗像 こういうものづくりをしている人がいるから、自分も沖縄に暮らしていて何ができるのかなって、挑戦したい気持ちが湧いてくるんですよ。

大嶺 我々の共通項かもしらんね、挑戦っていうものが。そう感じることのできる人に出会えたときは、嬉しいよね。

宗像 喩えようのないネイティブな、地面から生えてきたような力強さっていうか。多分、大嶺先生のエネルギーはよそからポンって来た人には出せないと思うんです。そのエネルギーを常にいろんな形で表現し続けているところが、たまらないです。

大嶺 僕なんかは同じものをずっと作り続けているわけではないから、これしかないっていう風に言われたりすると戸惑いを感じるね。もうこれしかないって言われたら、その世界には入りたくない。自由になりたいんだろうね。選択してものを見ているから。合うかもしれないし、合わないかもしれない。だからいい加減なんだ。アバウトでものを見る(笑)。いいなあって惚れ込んでいくと、どんどんのめり込んでそれしか見えなくなるよね。どこへつながっていくのかいうと、権威につながっていく気がする。権威につながると、モノ自体はもう見えなくなってしまう。権威だけで見るんだ。だから、そういう風に見られていることを感じたら、もう逃げますよ(笑)。

宗像 今のお話は、宗像堂にも通じるところがあるように思います。

大嶺 アート=エネルギーだと最近は思ってる。そのエネルギーは見えないじゃない？　ところが、造形を支えているのはそのエネルギーだ。できあがった名声とか権威がアートじゃないんだよ。本質は、作り上げたそのものの中にあるような気がする。消費じゃないんだよ。戦果っていう言葉を知ってるか？　米軍なんかが駐屯するでしょ。そうすると移動するときに、全部穴を掘って埋めていくんだよ。ほんでトイレから何から全部そこに残していくの。その中に手榴弾とか機関銃まであるわけだ。それをみんなで掘り出して売るから、戦果って呼ぶの。軍需産業っていうのも、消費の一つだからね。だから基地にいくら反対してもなくならないのは、一つには消費のための基地でもあるわけだから。子供の頃にね、それを掘り出して、海に向かってダダダダってやったことあるよ。今考えるとぞっとするのが、手榴弾なんか全部箱ごと埋まってる。上級生が海に向かって小学生並べて、信管を抜いて、1、2、3で海に向かって投げるんだ。すぐに投げると沈んでしまうから波がポコッとしか上がらない。1、2、3で投げると着水してすぐに爆発するから、波がドバーンって上がるわけだ。それが遊びだったんだよ。

宗像　すごいお話です。

大嶺　植民地っていうのはね、そういう裏があるんだよ。メリケン粉も武器も、消費のためだ。

——その意味で言えば、大嶺さんの器も、宗像さんのパンも、消費ではないですよね？

大嶺　そう。ただ食べるっていうことじゃなく、自分で食べるものを作って食べる。それが原点で、その営みを宗像堂のパンからは感じるから面白い。それに、食べたらなくなってしまうからね、パンはとても自由かもしれない(笑)。僕はね、風化っていう言葉が大好きなんです。僕の陶器は土には還らないんだ。800℃くらいまでは土という分子が残っている。土に戻ります。でも、これはもう戻らない。別の物質、つまりガラスになった。永遠に戻らないんです。だから焼き物屋じゃないっていうひがみが僕の中にあって。土で仕上げて、その時点、土の時点が一番僕には納得できる。面白い。自由なんです。ゆくゆくこれはちゃんと土に戻ってくれるよなあっていう幸福感もある。

宗像　結局、僕らも畑と関わることになって、土と格闘しないといけなくなって。一見、平らに見える畑で麦を見ていると、本当に起伏があって、いろんな水の流れがあって、いろんな生え方をするので、知れば知るほど奥深いというか、どこまでもわからないというか。

大嶺　利便性というものは、本当に人間をダメにすると思っている。というのはね、農業一つとっても難儀だよね。

宗像　そうですね、とてつもなく。

大嶺　あれはやってみない人にはわからないですよ。難儀だよ。でも、好きだからやる。

宗像　そうですね、好きだからまた行きたいって思います。

大嶺　そういう風な人たちが増えていくと、この地球はちょっと元気を取り戻すかもしれない。嘘とか欺瞞に蓋をしちゃいけないんだよ。東京の人が沖縄いいですねっていうけれども、本当にそう思うんだったら、来て、やってみなさいって。世の中ね、概念ではわかっていてもね、もう難儀はやりたくないんだ。昔、梅原猛っていう哲学者の講義を受けたことがあるんだけど、彼は、機械文明は必ずしも人間を幸せにはしなかったって言い切っているんだよ。すごい深い言葉だなと思った。じゃあ、他に何があるかといえば、アナログの世界しかない。畑を耕すことしかないね。自分で作って食べる。生きる。アナログの本質だ。それを求め続けることさえ怠らなければ、続いていくんじゃないかな。

宗像　宗像堂にも、関東から来て、一緒に麦を踏んでいるスタッフがいます。

大嶺　やってみたらわかることがあるんだ。与那国の男が凧を作って毎年一つ持ってくるんだが、物々交換している。あなたは何を作っているの？　って聞いて、じゃあ持ってきなさい。それで、うちから持って行きなさいって。そういう暮らし方をしたいね。あなたのパンをもらって、僕の器をあげるっていう。あんまり僕はあげてないね（笑）。

宗像　いやいや、たくさんいただいてます（笑）。

大嶺　もっと本格的に、交換して生きてみたいね。お金はもう、あんたもらいなさいって。でも、お金も少し必要だね（笑）。もういろんなことから自由になってやりたいことをやってきたつもりだったけど、最後に不自由しているのが、笑わんでよね、お金だったんだ。使い道まではっきりしているんだけど。

宗像　はっきりしているから不自由なんですね。何に使うか、聞いてもいいですか？

大嶺　何もない空間を作りたい。そして、ぽんと一つだけ、よくできたのがポコッとね。そこでお茶飲んだり、だべったりしたいんだ。過去、現在、未来っていうじゃないですか。過去はちょっとここまできたかって自分で思ったりしてるんだが、本当に山あり谷あり、いいことがあったりそうでないこともいろいろだからね、過去というのは。時間が長けりゃ長いほど、いろんなことが起こってる。ところが考えてみたら、もう苦しいとか悩みがあった分だけ、現在から見るとすごいエネルギーだなって感じる。だから、過去よ、総まとめして、引っくるめて俺のエネルギーになってくれって。今、そういう気持ちが強いんだ。

〝気持ちいい〟を指針とした農業が人を司る腸に届くまで。

当真嗣平
●農家

無農薬有機栽培をしている農家の当真嗣平（とうまつぐひら）と共に、数年前から宗像は小麦を作り始めている。一緒に土を触り、草を取って、種を植える。畑からは、真っ青な海が見え、〝沖縄〟のイメージ通りの美しい風景が見えている。スタッフや関わる多くの人々と一緒に小麦を踏むことで見えてくるのは、人は常に環境と共に生きている、という当たり前の真理。66歳の当真さんが畑を通じて体で表しているのは、生きることの大前提とも言えるもの。宗像にとっては、良き師匠でもあり、パートナーでもある当真さんとの話は、沖縄の未来へと展開していった。

宗像　当真さんは、読谷で大嶺（實清）先生の生徒だったんですよね？

当真　そう。読谷高校で。高校を卒業して、無人島だったパナリ（新城島（あらぐすくじま））に1年行った。昔は人間も住んで、学校もあったんだけど、無人島になったところを金持ちが買い取って。日本に復帰が決まって、第1号で私が行ったわけ。なぜかって言ったら、沖縄県になったら公共工事があるわけよ。港もなかったのに、港も作った。無人島だったら国は金を貸さんでしょう。だから港を作って、人を住まわせたのさ。

宗像　面白いところに第1号で住んでたんですね。

当真　それからパナリでお金を貯めて、ハワイに行ったのよ。ハワイまで片道の飛行機が３００ドルくらいしたかな。あの当時の３００ドルって言ったら、極端に言えば、今の３００万円みたいな感じよな。

宗像　それは農業のために行ったの？

当真　それだけではなかったね。こんな狭い沖縄にずっといても面白くないと思ってよ。大嶺先生となんで深くなったかって言ったら、ハワイから帰ってきてからだな。あの人はパナリ焼きに興味を持ってたから、あそこを紹介してくれんかってことで、俺も一緒に行ったんだよ、パナリに。それで、先生がパナリ焼きを再現したのさ。大嶺先生はもう沖縄芸大の教授になっていたから、40代か50代か。

——当真さんは、規模を大きくするのではなく、小規模での無農薬有機栽培を選択しています。そこには、どんな考えがあるのでしょうか？

当真　ちゅうか、面白い農業をしたいさね。一言で言えば、〝気持ちいい農業〟だな。最初は畜産だったさ。そのときは牛もやった豚もやった。抗生物質なんて使っているとは思っていなかったんだけど、使わされているわけよ、餌に入っているわけだから。それで、畑のほうに変えたのさ。でも、最初は農薬使っていたよ。でも、それでは気持ちよくないわけよね。それから、工夫して、農薬は使わんでいようにって。今では一切使わんけどさ。

宗像　最初は芋ですか？

当真　うん。最初は、芋。

宗像　当時は、読谷の芋を作っていたの？

当真　面白いことに、全米でものすごく人気がある芋があるわけさ。実はそれ、沖縄の芋なの。沖縄から行った芋が全米で人気なんだけど、それを沖縄では誰も作ってなかったから、里帰りさせて作った。「Okinawan Sweet Potato」で検索したら出てくるけど、向こうではスーパーフードとして人気があるのさ。

宗像　当真さんはいつも面白い作物や作り方を求めてるものね。最初に出会ったときは、鉄工所で作らせたサトウキビ絞り機を畑に持ってきてて、その場で絞ったもんね。無農薬で作ったキビだから、せっかくだからいい黒糖にして出荷したいって。畑で絞ってタンクに入れて、チャプチャプ持って行って（笑）。

当真　そうそう。あれは画期的なことだったんだよ。

宗像　でも、誰も真似しないんだ？

当真　しない。なぜかって補助金の問題があってさ、普通に製糖工場に出荷したら補助金が付くけれども、あれでは付かないわけさ。だから誰も真似しないの。

宗像　あのときが22年前ですよね。僕が沖縄に来てすぐの頃。面白い畑があるから見に行こうっていう話で、行ったら黒糖を作りましょうって夜中まで使われた（笑）。そのときに、筋がいいから、ここで働かないかってスカウトされたんですよ（笑）。僕、琉球大学の大学院に研究しに来ているんでって。でも、当真さんはその頃から一貫して面白いことがしたいし、面白い売り方がしたいっていう姿勢。いつも知らない作物を実験している。沖縄の火力発電所から出る石炭灰を畑に使えないか、とかね。

当真　それはもう30年くらいやってるか。

宗像　途中で間は空いちゃうんだけど、出会ってからずっと当真さんの畑に、データを取るための手伝いで出入りしてたんですよね。当真さんにとって面白い農業っていうのは、どういう風に説明すればいいのかな。

当真　まず人の健康を考えるっていうことでもあるよね。あんまり本で読んだ話っていうのはしたくないんだけどさ、『土と内臓』っていう本を最近、読んだ。健康な土で作られているものを食べたら、人間の腸内細菌まで元気になるっていうような話が書いてあるんだけど、さっきも言ったように動物ともつながるわけよね。今の育て方は間違っている。医療も農業も完全に間違ってるって、その本には書いてある。微生物の目線から見たら、いい微生物まで殺しているわけだから。それが人間の腸にも影響している。

宗像　面白い治療法の話があるよね。すごく健康な人の腸内細菌を移植すると、健康になって、性格まで明るくなるっていうデータを取っている人がいる。それは脳の次に神経系が集中しているのが腸だから。腸の環境で、その人のコンディションは明らかに変わるっていう。僕は、人間と微生物の共生説っていうのが正しいと思っていて、人間の手助けをしてくれている微生物の環境をどう整えるのかっていう発想にならないと、多分、人間が生き残る方法はないと思うんですよ。だから土が健康になって、作物が健康になって、人が健康になる。それが真っ当と言うか。

当真　まだわからないことのほうが多いけど、その辺がはっきりしつつある。

宗像　それは当真さんが感覚的にやっていたことが正しかったっていうことだと思うんですよね。気持ちがいいっていう自分の感覚に従うことが正しい。それを横に置いて、経済原理みたいなもので動いてしまうのが普通だと思うんですけど、そこで当真さんはちゃんと踏みとどまっている。だからすごく魅力があるんですよ。

当真　だから補助金も大嫌いなんだよ（笑）。

――どういう経緯で、当真さんと一緒に小麦を育てることになったのですか？

宗像　最初は紅芋。「紅芋のパンを作らんか？」って当真さんに声をかけてもらって。紅芋を使ったチップスのパッケージのデザイナーや販路を紹介して、紅芋きっかけで縁が深まったんですよね。しばらくして当真さんが小麦を作り始めたのかな。

当真　そう、最初は宗像さんと関係なく、他の農家に誘われて作り始めたの。宗像さんがその小麦が欲しいって来たんだけど、他の農家は全部一度まとめて、分配する方式でやりたいと。その方式は俺も嫌だったし、続かんだろうなと思ったから、じゃあ、宗像さんの分は作るよと。

宗像　でも実際に一緒にやってみたら、本当に一人の畑でうまくいくっていうのはなかなか難しいっていうことも痛感しますけどね。でも、〝気持ちいい〟っていうところをスタートで一緒に積み上げていかないと継続してできないから。確実な仕事を二人で始めて、きちんと回せるようになったら他の人とも一緒にできるような環境づくりをして、20年くらいのスパンで考えたい。当真さん、あと20年は農業をやるっていうから（笑）、その20年の間にちゃんと作ってみたい。やっぱり人手もすごくかかるから。

当真　かかるね。本当に有機でやろうとしたら。それに、今は小麦とかパンとか、悪者になってるさね。でも、本当はそうじゃないんだよな。穀物なんだから、完全な栄養のパッケージではある。人間の食べ方が悪いんであって、小

とうま・つぐひら　1950年生まれ。読谷高校時代に大嶺實清と出会う。高校卒業後、パナリ（新城島）で働く。ハワイ大学卒業。実地で畜産、農業を学び、帰国。無農薬有機栽培農家として、沖縄に深く根を下ろしている。

麦が悪いわけじゃない。

宗像　もともとは全粒粉で、ゆっくり時間をかけて天然酵母で発酵させたら、本当に完璧な食品なんですよ。

当真　小麦の作り方もそう。劣化した土壌で作るからだ。除草剤だって、最初は土に還るから環境にいいとかなんとか言ってたよ。環境にいい除草剤なんかあるわけないさ。それが人間の腸まで届くんだから。

宗像　正解と言われているものをピックアップすることは簡単なんだけれども、実際に沖縄でやり続けるために必要なことは、間にいっぱいある。小麦を栽培して、確実に種のクオリティを次世代に向けて残せる技術を毎年実現するっていう基礎的なことも、積み重ねが必要なんですよね。貯蔵に関してもそう。どれだけクオリティを高く保ったまま貯蔵できるかっていうのも、研究していく必要がある。

当真　アメリカから大量に入ってくる小麦粉は、冷蔵庫に入って送られてくるわけもないさね。だから虫がつかんようにするために、ポストハーベストで薬を使っているわけよね。それから乾燥させるときにも、火力でやっているから。将来的には、私たちは自然乾燥でやりたいんだけどね。

宗像　産業として残っていくために、一つ一つ大切にしなければいけないことがいっぱいある。目の前の畑で、雨がいつ降ったか、密度がどうだから、せっかく実った小麦を鳥に食われないようにするためにはどうすればいいのか。日々、きちんと足を運んで積み重ねていく作業を関わる全員の感覚の中でやっていかなければ、空虚なものになってしまうと思う。当真さんのように気持ちいいかどうか、っていうことを本当に畑で感じながら作業をしていかないともったいない。畑に入った瞬間に発見することがものすごく多いんですよ。畑の上に長靴で立ってみるまでわからないこと、ものすごくあったんだなって思いますね。つい一足飛びに理想の世界のことを考えてしまうけど、畑で匂いを嗅いで、触ってっていう作業をどれだけ経験できるかっていうほうがはるかに大事。当真さんは、ずっとそれをやり続けている人だから。

当真　何年か前に、大嶺先生に「私も長いことやっているけれど、ようやくスタートラインに立った気持ちです」って言ったら、「自分もそうだよ」って言ってたよ（笑）。

宗像　僕もそうですよ（笑）。畑に入るようになって、びっくりするようなことがたくさんある。当真さんが、一緒にやっていくっていう感覚を育てようと思ってくれているのが、すごくありがたいです。

当真　宗像さんが来てなければ、麦はつくっていなかったはずよ（笑）。お金にならないし、あんまり面白くないさ。でも、宗像堂の石窯の灰も畑に全部返して、ミネラルいっぱい入っているからね。

宗像　将来的にパンの教室を開いたら、畑にも来てもらおうと思ってて。一緒に種蒔きして、麦踏みして、汗かいてっていうほうが面白いんじゃないかなって。量が多くなった瞬間に、簡単な方法を選んで、簡単にお金に変えないといけないっていう発想になる。だから、大規模農業も、悪さをしようと思って農薬使っているわけじゃないんだよね。

当真　そうじゃないと、あれだけの人間を食わせきれないわけさ。我々みたいな作り方をしていたら無理だ。

宗像　収穫分を鳥に食われちゃうしね（笑）。僕らの畑は楽しさがベースにあって、関わることで、他のことも楽しくなるっていう副産物がある小麦栽培が一番いいのかなとは思ってる。食料自給率までストイックに旗を立ててしまうと大変じゃない？

当真　そう。ただ、食料自給率っていうのは沖縄では非常に大切なこと。サトウキビはあるけれど、あれを除いたら自給率6％しかないさ。だから、小麦を自分たちで作るっていうことには意味があるわけよ。そういう意味まで認めてやらないと続かないさ。

宗像　当真さんみたいな珍しい人がいてくれるおかげで（笑）、僕らも生きがいが生まれるというか。いろんな場面でいろんなものに出会わせてくれるから、進化せざるを得ないっていうか。自分たちが関わった麦が目の前に来ると、いっぱいある麦の中からいいものを選ぶっていう考え方から、目の前にある麦をどう生かそうっていう発想に変わる。目の前の可愛い小麦ちゃんを、最高に美味しくするのはどんな方法なのかっていうパン作り。あるいはパンだけじゃもったいないっていう発想に変わっていくのも今後は面白いんじゃないかって。全国でうちの小麦自慢みたいになっていったら、それを求めて食べ歩く人もいるかもしれない。

当真　それが広がっていったら、土もよくなるし、人間の腸だってよくなるさ。ただ、まだ土壌に関してはわからんことが多すぎる。

宗像　知れば知るほど、わからんことが増えるよね。でも、わからんことが増えると、ワクワクするよね。

当真　そう。パンだってそうでしょう？　昨日と今日とでは、発酵も違うんじゃない？

宗像　そう、全然違う。正しい正しくない、ではなくて、気持ちいいことを選択していって、ダメだったら自分たちで責任を取る（笑）。

当真　そう。責任は、全部、自分。そうじゃなくては、面白くないさ。

いつか土に還るまで、初期衝動に突き動かされる。

甲本ヒロト

●ザ・クロマニヨンズ

心の底にある塊のような部分が共通していれば、その表現がかけ離れていたとしても、同じ〝言語〟を話すことができる。たとえ、それが音楽とパン、といったように、まったく異なる世界に見えたとしても。九州でのフェスに参加した後に、沖縄の宗像堂へと再訪した〈ザ・クロマニヨンズ〉の甲本ヒロト。宗像との対談は、自然界の理を、それぞれの方法で解釈し、自分の中に取り込んでいくような不思議な手触りのものになった。食べること、歌うこと、あるいは働くこと、生きること、死ぬこと。いつかは土に還るのだという真理の確認は、だからこそ、生きることの喜びを感じさせた。

甲本　（宗像堂の庭になっていたパッションフルーツを手に取りながら）よくわかっているんだよな、このヒトは。そろそろ落ちる頃だっていうことを。

宗像　丈夫な外観なので、僕らが見つけて食べるまで、虫に食べられずにいてくれるんです。

甲本　そうか、すごいな。ハエなんていうのも、肉を置いておくとすぐに蛆が湧くけれども、紙で包むだけで、もう来ないですもんね。ハエには紙を突き破れないから。だから鳥が死んで、蛆が湧くのは口の周りなんですよ。ちょっとだけ嘴に隙間が空いているでしょう。そこに卵を産み付

ける。ハエには皮膚さえも刺せない。このパッションフルーツもきっとわかってるんだろうね。

宗像　この前お会いしたときに話していた、火に飛び込んでくる蛾の話がすごく印象的で。窯を焚いていると、やっぱり飛んでくるんですよ。

甲本　明るいところが好きだからくるんだろうっていうことなんだけど、一方ですべての生き物が死から逃れる動作をしているはずじゃないですか。アメーバのような低級と言われるような生物でさえ、脳みそなんかあるわけないようなヤツなのに、害となる液体をポンって垂らすと、逃げるっていうんですよ。なんの思考能力もないはずなのに、逃げる。だけど、その蛾は火に飛び込んでくるんですよね。これはもう説明がつかない。

宗像　細胞レベルで快か不快かを感じて、動く能力が備わっていること自体が驚きですよね。

甲本　多分、命っていうものだけはわかっているんですよね、あれ。神様のことも魂のことも知らないだろうけど、命だけは知っているんですよ。すげえなと思う。でも、そうなってくると欲求とか欲望って何なんだろうって思う。本当に欲しているものって、自分が意識していない可能性もあるし、知らないものに向かって我々は進んでいる可能性もある。だから、わかんないですよね（笑）。結局、最後はわかんない。もういいか、このパンも、美味しいっていう結論だけで（笑）。

——宗像堂のパンの魅力は、美味しい以外にもあるように感じています(笑)。甲本さんがパンから感じているもの、言葉にできますか？

甲本　後づけになっちゃうけれども、美味しいて思った先に、こうやって宗像さんに会うと、なるほどねって腑に落ちる感じですよね。人間って、魅力に導かれてあっちに行ってみよう、こっちに行ってみようって思うわけですよね。風がこっちから吹いている、気持ちいいからこっち歩いてみようって。そうやって毎日、瞬間ごとに選択しながら、これ食べるあれ食べるって導かれている。だからこのパンも、旨そうっていう何かがあったんですよね。で、導かれて食べてみて、すごく美味しいなって。そうやって導かれて、最終的にそういうことかって腑に落ちるんですよ。でも、気になっている時点で、もうわかっているんですよね、絶対にいい人が作っているなって。だって、いい人じゃないと作れないもんって思います。

宗像　さっき石窯を見ながら、僕も死んだらここで焼いてほしいなって言ってましたね（笑）。おおっと思った。

甲本　焼かれるにしてもなんにしても、何かに還りたいなと思ってるんです。結局、やっぱり土に還るんだとは思うんですけど。でも、そこから先もまたあって、多分、土から植物だの微生物だのまた育ってきて、その植物の葉っぱを芋虫が食べて、蝶々になったりする。で、その虫をまた鳥が食べる。結局、俺たち、土を食ってるんですよね。俺たちが食ってるものの原料って、土なんだな。この体、土からできるのかって思うんですよ。土と水から。だから最後は、土と水になるんだなって。不思議ですよね、葉っぱしか食わないヤツでも、ちゃんと肉がついているんだよな。

宗像 焼き物でもなんでも、土を感じるものの力強さに惹かれるのは、そういうことなのかもしれない。

——沖縄は、より〝土〟だったり〝本能〟だったり、強い自然を感じやすい土地なのかもしれません。

甲本 初めて沖縄に来たときに、イベントが平気で2時間遅れたんですね。楽屋入りしてから何時間も何も起きないんですよ。お客さんもゆっくり来るし。20代前半で、東京で活動していた僕らとしてはちょっと考えられなくて、やりづれえなっていうのが第一印象。そのときに楽屋に入るのも嫌だから、俺たちいなくなっても当分平気だよって、ブルーハーツだったんですけど、メンバー4人で海に行こうって。海っぺりでぶらぶら遊んでたんです。そうしたら地元の子たちが板切れを浜辺に敷いて、その上に機材を乗っけて演奏してたんです。友達が周りに5〜6人いて。行ってみて、ちょっと俺たちにやらしてくんねえかって。実は沖縄で最初に演奏したのは、その海辺だったんですよ。で、地元の子たちが「お、ブルーハーツ」って(笑)。でも、そのあたりから、どうもここは面白いんじゃねえかなって。そのときには沖縄が好きになってたんでしょうね。自分のことを、どこまでいっても傲慢でエゴイストだと思うんですけど、でも何か、沖縄に来ると緩めてくれるというか。それもまた免罪符にしようとしている汚い心が自分のどこかにあるかもしれないけれど、それでも、沖縄に来ると気持ちがいいんですよ。

宗像 僕も、その緩さがなかったら、多分、パンを作ってないです。僕はどこでもパン作りを習っていないので、東京だったら、もしかしたらこんな人間に対しては物言いがつくかもしれない。でも沖縄の人は、とにかく頑張れって言ってくれるんですよね。応援しても責任は取らないけど(笑)。でも、その軽さと緩さがあったからやってこれた。

甲本 なんか、細胞同士が付き合っているみたいな話。脳のない細胞同士が瞬間瞬間に反応し合ってるっていう。

宗像 ホント、そんな感じです(笑)。

甲本 触れたときは、ボンッて反応するんだけど。宗像さんは、習っていないのがいいよね。だって人間以外の動物は、習わないでなんでも知ってるもんな、いろんなこと。

こうもと・ひろと　1963年生まれ。「THE BLUE HEARTS」、「↑THE HIGH-LOWS↓」などを経て、現在「ザ・クロマニヨンズ」のボーカルとして活動。11枚目のアルバム『ラッキー＆ヘブン』を2017年10月に発表している。

こんなことまで知っていたのか！　っていうことを。

宗像　そうなんです。人間も、もう６０００年くらいパン作ってるじゃないですか。だから人に習うより、毎回作りながらパンに聞いて教えてもらったほうが楽しいだろうなって。発見に次ぐ発見のほうが続くだろうなって。

甲本　ロックンロールは、最初は聞くのが好きで、自分でやるようになってどんどんハマっていくんですけど、やっていて気づいたのは、どっかに飛んでいく作業ではないっていうこと。これは真下に掘り進めていってる感覚なんですよ。だから、行きたい場所があるんじゃないんです。ただ、ここを掘りたいんですよ。だからもう、真下です（笑）。掘っていって、何かにぶつかればぶつかってもいいし、何でもいい。とにかく掘りたいんです。何でしょうね、この衝動は。だからとっても不自由で、窮屈なんです（笑）。

宗像　僕もまったく同じで、掘ってる感覚なんですよ。

甲本　やっぱり（笑）。

宗像　掘っていって自分と出会うというか。「あ、俺ってこういうのが嬉しいんだ」とか、「俺ってこういう風に感じるんだ」とか、面白いって感じる自分を発見する感覚。誰に教えられたわけでもなく、自分が素晴らしいって感じているわけです。っていうことは掘った先で、自分と再会しているんじゃないかって思ったんですよね。だから、掘り続けていかないと、自分の感覚が鈍ってしまう。

甲本　そういう風にやっていると、ゴールがないんですよね。どこか目的地、行きたい場所があって向かっているわけじゃない。どこに着けるかわからないけど、掘りたいんです（笑）。掘った結果、今、ここにいるっていうだけで、目的ねえからなあ（笑）。

――ヒロトさんも、掘って、自分に出会うっていう感覚はありますか？

甲本　言葉は違うけど、わかるような気もするし、僕はまだ理解できていないのかもしれない。僕はもう、掘りたいっていう衝動だけがあって、掘った結果、何にもなんなかったって言われるかもしれないし、全部無駄だったなって思うかもしれない。でも、それはそれでいいし、何か人生棒に振るのにちょうどいいかな。どうせ、みんな人生棒に振るんですよ。で、いろんな棒の振り方があって（笑）。

宗像　すごくいいっすね（笑）。

甲本　こんなヤツがこんなもんで、こんな感じなんだから（笑）。気持ちいいのが一番ですよ。暇つぶしなんだから（笑）。この人ならわかってくれるっていう人には話すんだけど、俺たち隠居なんですよ。どういうことかというと、本当にやりたいことがあって、例えばゴルフが好きで好きでたまんねえっていう人がいて、毎週末ゴルフしていて、定年退職したら毎日やるぞって思ってますよね。それを俺たちは毎日やってんですよね。これね、普通の人の定年後の暮らしなんですよ。本当に好きなことをやりながら生きるっていうのは、隠居なんです。で、隠居に引退はないんです。ご隠居は死ぬまでご隠居なんで。もう20代の頃から隠居生活してる。

宗像　パンを作る隠居か。途中でご隠居じゃないような気にさせられてたな〜。

甲本　そこは諸手を挙げて降参したほうがいいです。これは、隠居なんだと。

宗像　今日はいい啓示があったな、俺（笑）。

甲本　我々は幸福な隠居なんだと思いますよ。娑婆っ気たっぷりのいやらしい隠居（笑）。さっき、人は何か魅力的なものに導かれていくっていう話をしたけれど、その中でとびきり僕を惹きつけたのがロックンロールだったんですよね。理屈とかカッコつけたことはいっぱい言えるけど、ただ僕は感動したいだけなんです、ロックンロールで。その感動した人間がどうなっちゃったかっていうと、こうなっちゃったっていうだけのことで。特に何も考えてない。僕はただの波紋だと思うんです。何か人間ってどーんと感動したときに、それまで無感動な湖面だったところに大きな石がボチャンって、その瞬間にうわーっと波紋が起きるんですね。で、未だに僕はその波紋でしかないんですよ。もしも僕が歌ったことに誰かが感動してくれたら、そこにまた波紋が生まれるんです。そうやって波紋が何か次につながるんじゃないかっていう気がしてて。僕を感動させたサウンドを鳴らしたあのバンド、あのグループも、やっぱりその前に聞いた何かの感動の波紋を我々に伝えてただけなんですよ。だから、波紋おもしれえなって（笑）。

宗像　いかに純粋な波紋になれるかっていうことは考えますね〜。パンを食べた人が共感して、何か背中を押す力になるっていうことに純粋でありたい。素材から伝わってくることだけに反応してパンを作り続けようって決めているのかもしれない。僕はただパンを作っているだけだから。

甲本　多分、宗像堂のパンを食べたこの感動の波紋も絶対に何かになってます。僕はそう思う。いろんなものが波紋を起こすんだけど、例えば怒りの衝動も波紋を起こすけど、それは止めなきゃならんと。でも感動の波紋は、どんどんやればいいと思うんですよ。お客さんが僕のことをすごく好いてくれて、すごく褒め称えてくれるような発言をするときに、「大丈夫だよ、俺のことなんか褒めなくていい。お前、感動したんだろ？　じゃあ、もう俺と同じじゃん」って言ってるんです。お前、感動したんだろ？　次はそこから絶対に波紋が生まれるから、同じ同じって。

貨幣に置き換えられる
価値ではなく、
背景に横たわる物語を見つめて。

皆川明

●〈minä perhonen〉デザイナー

テキスタイルそのものから自ら描き、最終的に洋服が完成するまでのすべての過程に対してきちんと向き合い、コミットするファッションデザイナー。〈minä perhonen〉の皆川明と宗像との出会いは、沖縄のギャラリー〈Shoka:〉での展示会で、宗像がパンを届けたことに始まる。以来、パンを入れるためのバッグを共に作ったり同ブランドの一店舗である青山〈call〉にパンを卸したり、同じ目線で見据えている。まったく違う職種の二人が、関係性は続いているのは、どんな事象なのか。皆川さんの自宅で宗像のパンをつまみつつ、話をした。

宗像　〈Shoka:〉の田原さんは、僕がパンを焼く前から友達で、彼女から皆川さんの話を聞いて、どうも面白い人だと（笑）。正直に言って、あんまり女性の服に興味がなかったのに、展示会を見て、こういうものづくりをする人はどういう人なのかなって思ったんですよね。そこで持って行ったパンを渡したら、一つ一つをしげしげ見つめながら、「宗像堂、聞いてます」って。そのとき、皆川さんの本にサインをもらったんですよ。そうしたらびっしりと書き込んでくれて。いや、面白い人だと（笑）。

皆川　そうだったっけ（笑）。木工作家の三谷（龍二）さんと一緒に宗像堂に行ったときに、石窯とか、いろいろ見せてもらったんですよね。そこで沖縄に行き着くまでの話やパンを作り出すようになった来歴を聞いた。パン屋になりたいっていうよりも、偶然性から始まって、でもパンに出会ってから一気に深く入っていく感じに興味を惹かれたんですよね。自分もそういう感じだったなって。そこに共感があったんだと思う。その深まり方の独自性というか、偶然に出会っている分、一般的な方程式を意識しないで自分の方法論を最初から探すっていうところが、僕らの一番近いところなのかな。

宗像　目的に到達するために妥協しないところとか、自由なアプローチとか、皆川さんのそういうところに惹かれていると思うんだけど、それは描く線にも表れていると思う。だから宗像堂の紙袋やバッグを一緒に作ることにもつながっている。

皆川　三谷さんと行ったときに、落書きみたいにして描いていたんだよね。それを気に入ってもらえたのかな。パンのシェイプがすごく魅力的だったから、自分でドローイングしてたのを、紙袋にしても面白いっていう話になったんだろうね。発注受注っていう関係ではなく、自分の親しい友人たちとは、互いの仕事をシェアするっていうか、能力をシェアするっていうか。得意技をシェアしている気がするな。ただ、仮に僕がパン屋で、宗像さんがテキスタイルをやっていたとしても、きっと同じようなことだったたと思うんです。人生にとって職業の相性が良い悪いって実はあまりなくて、突っ込み方のタイプが違うっていうことぐらいだと思う（笑）。だから、僕らの〈Call〉という店では、特に安いとか高いとか貨幣に置き換えられた価値ではあまり見てなくて、背景の仕事が魅力的かどうかだけを見ているんですよね。鉛筆も売っているし、パンもあるし、なんだか高い椅子も売っているし。でも、そのパンの作り方は、鉛筆や椅子を作っているのと似たこだわりがある。

――そこには値段には還元できない価値のようなものがあるということですか？

皆川　結局、ものを作るっていうことは、思考から物質へと向かうわけです。その間に貨幣価値を挟んでいるのが商業ですけど、作り手にとっては思考から物質までの間は、一直線に結べるんです。その間にたまたまワンクッション、いくらですっていう貨幣価値があるだけ。他の人に伝えるには便利なツールですけど、決して貨幣価値イコールものの価値ではないわけです。例えば鉛筆１００円、椅子１００万円、どちらの価値が高いですか？　って言ったら、鉛筆の１万倍椅子に価値があるわけじゃない。単純に道具としての貨幣価値に置き換えられた１００円、たくさん使っていくものだからっていうだけですよね。

――ものを作っているときに、いかにして作っているかが、本来の価値につながっていくと。

皆川　宗像さんで言えば小麦を作る人も嬉しい、一緒に働いて石窯の番をする人もやりがいがあるっていうように、最終的なパンを食べる人以外も、ものづくりによって生活の糧を得て、充実がなければいけない。ものを食べたり、洋服を着たりする人は一人でも、それができるまでには相当な数の人が携わっているわけです。その両方を見ることができるかどうかは、大きな分かれ目ですよね。最終的な使い手のために、作り手のあなたは我慢してくださいって、ファッションではありがちなパターンですけど、それでは全然成立していない。宗像さんが小麦から作るっていうのは、そういう意味があって、同時に土地を生かすということは自分の環境を考えることでもある。僕らも国内の工場にお願いをしていますけれども、その作る喜びをどこか見えないところへ持って行ってしまうことには、強い違和感があるんですよね。

宗像　皆川さんが工場の人たちとすごく密に関係を作って、工場の人たちが喜ぶような仕事の仕方をしている。そういう総合的な喜びが、ものとしてできたときに、人を幸せにするんじゃないかと思いますよね。皆川さんほど総合的に見られているかはわからないですけど、きちんと意識することで輪が広がって、ものづくりが未来を選択することにつながっていくっていうイメージはあります。

皆川　良いものを作っていると数量には自ずと限りがあって、そして良いものを本当に求める人にも今のところ限りがあるので、需給バランスが取れるんですよね。だから、その対価をきちんと払った結果の値段がついていても、それを理解している人が、作られた量ぐらいはいると思っています。例えば今度、宿をやりたいなと思っていて、ホスピタリティみたいなものをどうやったら自分たちなりの方法論でできるかなっていうことを考えているんですが、そこで経済的な何かを得たいというよりは、こういう方法論が試されていないけど、あったらいいんじゃないかっていうアイディアを試したいというか。ラグジュアリーなホテルと安い民泊があって、サービスが二分化していく中で、別の方法論、こんなこともきっと気持ち良いだろうなっていうことを試したいんです。つまり、ある程度の量感を持たないとビジネスが流れていかないように錯覚しちゃうけれども、相当数、人間はいるわけです。日本においても1億何千万人いる中で、１００万人に1人だったら、１３０～１４０人くらいはいるわけです。その可能性を細分化して検証したほうが面白いだろうなって思うんです。

宗像　結局、自分らしいというものを選択していかないと続けられないですよね。僕はたまたま奥さんがワールドミュージックというか、民謡のポップスのミュージシャン（ネーネーズ）のマネージャーをしていた関係からか、日本で１００万枚っていうよりも世界で10万枚っていう感覚のほうが強いんですよ。本当に気に入ってくれる人が1人ずつ増えてくれるだけですごいいいなと思っている。ただ、その範囲が広いほうが面白いなと思うんです。ユニークであればあるほど、遠くまで届くのかなと。

皆川　天秤があって、片方にマーケットの重さがあるとしたら、もう片方にはそれを作るための労働の重さがある。天秤がイコールだったら、作れるキャパシティの量やスピードがマーケットの需要と一致している状態。１０００個作れるのに、１００個しか売れないっていうのは、バランスが悪いわけです。反対に１００個しか作れないのに１０００人の人が欲しがっても、足りていない。そうすると、量とスピードどちらもイコールだと、そこには摩擦がないわけですよね。循環しやすい状態でバランスが取れている。それを目指すという意味では、僕らは宗像堂よりももうちょっと機械や工業が入ってきている産業なので、その分、関わる人も多いんですね。例えば生地屋さんだったら、だいたい一つのデザインに対して３００ｍから、できれば１０００ｍくらい作ると工場の労働がキレイに回るから、それを欲してくれる人がいるようなデザインを成立させなければって考える。でも、とにかくたくさん売ろうみたいなことはないわけですね。そのバランスが取れているかどうかを、ある程度見るのが、デザイナーっていう役割なんですよ。

宗像 すごい話ですね……。その工場が回るちょうどいい量と自分が売れてほしいと思うところをデザインするって、僕にはちょっと想像できないんだけれども、そんなことは可能なんですか？

皆川 例えば刺繍の図案を描くときに、これは何時間かかるなっていうことは頭に浮かべるわけです。刺繍は時間がコストに反映するんで、何時間かかるっていうことは、大体1mあたりいくらの加工賃になるなと。そしてそれは何時間かかるから、1ヶ月に何m作れて、いくらぐらいの生地になるから、いくらぐらいの服を作るのか。このぐらいの値段の服は、自分たちの店では平均してこれくらいの枚数が売れるだろう。ということは、この図案からは何m作るんだなと。で、それはいつから工場に発注すれば、お店に並ぶタイミングに間に合うのかなっていうことを、絵を描きながら計算するんです。

宗像 すごい。そんな人、他にいないですよね。

皆川 それはある意味で僕は経営とデザインの両方をやっているから。別々の頭じゃなくて、デザインしながら計算すればいい。デザインしている人だから、計算しやすいっていうことがあるんですよね。絵は、頭の中で完成しているものを点として出しているだけだから、描きながら計算してもいいんです（笑）。ワンピースのこの辺りにメインの柄が来るぞ、みたいなことを考えながら図案を描いているので、ということはあの工場だなと。あの工場、先シーズンはちょっと仕事が足りなかったから、今シーズンはもうちょっと仕事を増やすために、あの工場用の柄を増やさなくちゃいけないなって。

宗像 普通の人は、それを分業ですり合わせながらやっていきますよね。やっぱりマグロ解体をやってたおかげですか？（笑）

皆川 元、魚屋だからね（笑）。1本まるっと仕入れて、大トロはいくらで売って赤身はいくらで売ってのバランスで1本の利益を考えていたから、そういうこともあるかもしれない。

宗像 自分にはない脳みそが、ここにあるんで、話していて、本当に楽しいです（笑）。

――皆川さんは、将来のプランとして、宿泊施設を考えているとおっしゃっていましたが、宗像さんには未来のプランがあるのでしょうか？

宗像　僕らはパンを作って喜んでもらうっていう作業を今までやってきたけれど、もっとこっち側、作る側を体験してもらうことができないかなって。フランスの田舎の村って、昔は共同の村の窯があって、そこで1週間分のパンをみんなで焼いて持って帰っていたらしいんですね。僕にはたまたまパンを石窯で焼くっていう技術がある。その僕が楽しんでいるパンを作るという行為を、自分の経験をシェアするじゃないですけど、一緒に共有できる場所が作れないかなって。一緒の窯でパンを焼いて、本当に僕が感じている喜びを一緒に体験してもらうような場所を。

皆川　それは教室のようなもの？　ぜひプロコースも作ってほしいな。

宗像　プロとの交流もいいなと思ってます。そういう交流を通して、日本オリジナルのパンとは？　っていうことを考えることにもなるだろうし、広がりも生まれると思う。スタッフも互いの店を行ったり来たりして。そういう意味では、沖縄っていう土地はすごく適しているんじゃないかなと思うんです。離れている分、フラットに関係性を作りやすいんじゃないかと。

皆川　沖縄は、すごく特徴がある土地だからね。その特徴が、方法論とか、できることを制約している部分もある。でも、だからこそ、ある意味ではやりやすいんじゃないかな。固有なものがあって、例えば暑いっていう制約がある。でも、その良い悪い両方の制約によって、方法論は実はシンプルになっていくのかもしれない。

宗像　海を隔てているっていう立地とか、気候とか、流通が悪いとか、そういうものを背骨にする作り方っていうのかな。そっちのほうが面白いものが作れるし、面白い関係性も育めるんじゃないかなって思っているんですよ。

皆川　プロ同士で、お互いに酵母を交換したりできたら面白いよね。

宗像　僕らは、お互いに酵母を舐め合えば、何を考えているかが大体わかるから（笑）。でもそうやって人と酵母が混ざり合っていくと、新しい発見があるはずだから。

皆川　そういう方法論に縛りがないっていうことが、やっぱり僕らの共通点なんだろうね。ただし、それが邪道にならないように本気で自分のフォーマットを作るっていうか。自分の理念っていうことでしょうけれども、それは特別に堅苦しいことじゃなくて、ただ、そうしないではいられないことをずっとするっていうことだと思うんです。理念がなくなるぐらいだったら、やめてしまったほうがいい。

宗像　宗像堂は、まだそこまでの問いかけはできていないかもしれないから、少し前を走るこういう先輩がいると、「やるな」って心から思います（笑）。

みながわ・あきら　1967年生まれ。1995年に自身のブランド〈minä〉をスタート。2003年から〈minä perhonen〉。普遍性を湛えたオリジナルのテキスタイルから服作りをしている。「minä」は私、「perhonen」は蝶を意味する。

インタビュー　宗像みか

赤子にパンをしゃぶらせつつ、愛しいパンを説明した日々。

宗像堂を形作るもう一人のキーパーソン、妻のみかさんは奄美大島の北部の出身だ。沖縄の山原（やんばる）と似た環境で生まれ育ち、東京に出て12年間暮らした。その後、沖縄に来たときに「うわあ、奄美大島と一緒だ」と思ったそうだ。ネーネーズのマネージャーとして沖縄にやってきて、宗像さんと出会った。

「妊娠して、音楽業界のハードなスケジュールについていけなくなったので一旦辞めて。宗像はちょうど焼き物をやっていたときですが、体を壊して働けない。赤ちゃんは生まれたのに、どうしようっていうタイミングで、パンに出会ったんですよね。初めてお坊さんに習いに行ったときにも、彼が断トツでうまかったんですよ。私は作る人ではないなっていうのはすぐにわかったんです（笑）」

作る人ではなく、販売、宣伝を担当するみかさんは、夫である宗像さんと社会をつなぐリンクのように機能しているように端からは見えてしまう。

「どうなんでしょう（笑）。ただ、私が、彼を面白いなって思っているんですね。ものすごくマニアックに面白いことをしている。でも、彼の可能性を私が狭めてしまっているんじゃないかって思うこともあるんです。現実を見ちゃうというか」

だが、どこまでも「飛んで行ってしまいそうな」宗像さんを現実に〝縛り付ける〟のではなく、表層に〝漂わせる〟ことができるのが、みかさんだ。人と人をつなぎ、関係性を作り上げることで、宗像堂を成立させている。

「最初は宗像一人で作っていたところに、今は『水円』をやっている森下想一君がスタッフとして入った。最初は私も宗像もすごく不安だったんです。でも、二人で一つのものを作ることの意味のようなものを知っていった。今ではもっと人が増えて、みんなで一つのものを作るっていうことをやっているんですけど、信頼して手放すことの面白さみたいなことを学ぶことができたから。そのいろんな〝酵母ちゃん〟たちが同時にあることが、宗像堂なんだなって思うんですよね」

多様性こそが、宗像堂の広がりを生んでいく。かつて赤子にパンをしゃぶらせつつ、お客さんを窯へと案内し、愛おしいパンを丁寧に説明していた経験を、「とても大切に思っている」。だからこそ、若いスタッフたちに自分が感じた豊かさを、味わってほしいとみかさんは笑う。通販でパンを送った相手から、いつかお店に行ってみたいと言われることがあるそうだ。それがどれほど稀有なことか。宗像堂のパンを食べることは、一つの経験。たとえ、沖縄を訪れたことがなかったとしても、みかさんが紡いできた豊饒な空気が、パンにしっかり包まれている。

インタビュー　宗像誉支夫

見えないけれど、確かにあるもの。宗像誉支夫の思想の断片。

宗像堂は、週に3回だけパンを焼く。多くのパン屋が毎日パンを焼いて、焼きたてこそがもっとも美味しいのだという「焼きたて神話」を提供しているが、宗像堂は違う。焼いたその日よりも、次の日、さらに次の日と少しずつ味が変化するさまを楽しんでもらうようなパンなのだ。そこには、単に酵母パンの魅力だけでなく、働き方について考える契機のようなものも隠されているし、食べるという行為そのものの意味を問い直すことにもつながる思想がある。パンはやはり、表現なのだ。すべての取材を終えた後に、宗像さんは「自分たちがしてきたことの再解釈のようでした」と語った。過去を振り返り、異なるジャンルで活躍する先達との共感から生まれる再発見。自分たちでさえ意識していなかったことが、目の前に立ち現れてくるようだったという。

「生命に対する考え方みたいなものが共通していたんだなって思ったんですよね。ぼんやりと見えていたのが確信に変わったのが、生命とは何かっていうことに対する考え方。なんていうか、状態や営みそのもののことを、生命と言って良いんじゃないかと思ったんです。わかりやすい喩えを借りれば、琵琶湖って、常に新しい水が入ってきて、溢れては水が流れ出ていく。水は絶え間なく入れ替わっているのに、琵琶湖としてあるわけです。そこに、魚や水草やさまざまな生命が同居している。人間も、いつも何かを食べて、代謝して、排泄している。よくよく見てみると不思議なんですよ。常に入れ替わっているのに、生命として、ある。つまり、〝継続して存在している状態〟のことを生命って呼んで良いんじゃないかって思ったんですよね」

これは、パンの話だろうか？　酵母という、見えないけれど確実にあるものに日々触れていると、思想は熟成され、多様性を帯びてくる。宗像堂とはどんな場所なのかと自問するうちに、宗像堂という存在そのものが、まるで生命のように感じられてきたのか。すべてが宗像さん自身の思い通りになるわけでもなく、まるで勝手に歩き出しているかのように。だが、そこには生き残ろうとする知恵があり、少しずつ進化していった過程がある。川の蛇行のような紆余曲折を経ているからこそ、宗像堂という場を〝生命〟として感じることができるのだろう。

「生命とは状態のことを指す」と定義するならば、大きく二つの条件が必要となると宗像さんは言う。一つめが、ゼロから何かをスタートさせるための〝意志〟。もし琵琶湖に意志があるわけではないが、パンを焼くには強い意志が必要だから。

生地名称
配合
材料名
%
フランス印
0.0
地粉
0.0
海の華
2.0
はちみつ
0.0
水
65.0
酵母
8.0
そめいよしの
30.0
KJ-15
10.0
じゃがいも
オリーブ油

うひとつが、継続するためのエネルギー。うねりに引き寄せられるように多くの人が訪れ、関わり、その状態を維持している。
「あるいは、その状態を継続するためのエネルギーそのものが生命なのかもしれない。パン屋を始めようっていう意志がまずあって、変化をしながらも続けていくために、さまざまなエネルギーが集まっている状態。宗像堂は、もう生命と捉えてしまったほうが、自分にしっくりくるんですよ（笑）。特別なアーティストやミュージシャンでなければ、何かに生命を吹き込むことはできないんじゃないかってずっと思っていたんですね。自分がそういうものから強い影響を受けてきてますから。でも、そうじゃなかったんです。たったパンひとつでも、ヒロトさんが言うように、波紋を起こすことはできる。もしもこの本を読んで、宗像堂のレシピを見て、自分でも焼いてみようって思ってくれる人がいたら、その波紋が届いた証拠なんじゃないかなと。そして、パンを焼こうという意志があって、暮らしの中で継続していけば、そこには新しい生命が生まれるっていうか、それこそが、DNAの継承なんだと思うんですよね」
たかが、パン。けれど、もしも実際に酵母を起こして、かけ継いでいけばわかるだろう。そこには日々の生活の中に入り込む、確かな新しい存在があることを。あるいは酵母のことをペットのように感じる人もいるかもしれない。宗像さんにとっては、もっと近く「生活の相棒」であり、どこまでも自分自身と対等な存在。そこにパンを焼くという意志があり、継続してエネルギーを注いでいけば、暮らしは確実に変化していく。その一連の行為こそが、宗像堂が放った波紋であり、新しい生命と呼ぶことのできるものかもしれない。暮らしは、多様な生命活動によって形作られている。

波紋を伝播するための場を作る。

その波紋をさらにわかりやすく伝えることのできる場所として、宗像さんは「宗像発酵研究所」を新しく作った。宗像堂に隣接するそこでは、パン教室が定期的に開催されるほか、宗像さんの友人知人の料理人たちが、一緒になって発酵を研究するのだという。つまり目に見えないものを、体で感じるための場所。

「いろんな波紋が出会う場所にしたいんですよ。僕らが読谷で当真さんと一緒に小麦を作っていることの延長線上にその場所はあって、小規模ですが畑もやっていく予定です。植物の考古学者から譲り受けた古代小麦を育ててみようと思っています。読谷で実った小麦を鳥に食べられてしまったことから始まった試行錯誤が、〝発酵研究所〟へと導いてくれた。古代小麦は、現代の小麦に比べればはるかに籾殻が大きくて、鳥にとってはとても食べづらいんです。もちろん収穫量は減りますが、人間が品種改良を重ねてきた小麦を元に戻してみようという試みです。原種に近い強烈な個性を持った小麦をどうやってパンにしたら美味しいのか、エネルギーを伝播できるのか。また新しい挑戦ですね」

宗像さんは、何かに挑戦しているときに、自分がこの世に生まれてきた意味のようなものを感じるという。もしも自分が宗像堂からいなくなったとしても、そこに蓄積された知恵やエネルギーは、次の世代に伝わっていくように。継続して、存在し続けるものを生み出すための挑戦。そのためには自分自身がシンプルになって、酵母に、あるいは小麦に向き合わなければならない。生命は、常に環境に適応しようという意志を持つ。

日々の暮らしの中にはさまざまな波紋が溶けていて、そのままの形で再現することは決してできない。けれど、自ら動き出したときに、誰かから届いた波紋は違う形となって表れる。パンでなくても良い。どんな形にせよ、新たな波紋が見てみたい。宗像さんは、そう思っている。

あとがき

カメラマンの伊藤徹也さんが初めて宗像堂の取材をしたのは、もう10年以上前のことだった。雑誌『ＢＲＵＴＵＳ』での取材以来、宗像堂のホームページや冊子で使う写真を撮るために、伊藤さんは沖縄に通っていた。撮影の報酬は、宗像堂のパン。東京に暮らす伊藤さんのもとに定期的にパンが送られてきて、すると「そろそろかな」とフライトチケットを予約する。その話を聞いて、なんと羨ましいことだろうと思っていた。自分の技術をパンと交換できるなんて。そうやって宗像堂と長い付き合いをしていた伊藤さんが、2年前、「今朝、宗像堂のパンを食べて感動したんだよね」と言っていた。それだけ定期的に食べているパンに対して、新しい感動があることがとても不思議に思われた。だから、伊藤さんに声をかけて、宗像堂の本を作れないかと打診してもらった。

宗像さんとの最初の打ち合わせは、宜野湾にあるビストロで、宗像堂のバゲットを食べながらだった。ビストロに自分の焼いたバゲットを持ち込んでしまうこともさることながら、そのバゲットを慈しむように、うまいうまいと噛みしめている姿が印象的だった。その席で、宗像堂というパン屋が一筋縄ではいかないことを実感した。パンそのものを起点にして、話はどこまでも転がっていき、発酵の不思議から本というものの価値にまで及んだと思う。１００年後の未来にこの本を読んだ人が、宗像堂のレシピを見ながらパンを作ることができたら、そこには大きな価値があるのではないか？　そんな話をしたと思う。

窯に火を熾し、撮影を進めていたときのこと。次第に夜が明けてきて、宵闇が少しずつ紫に、さらにピンクに染まっていった。宗像さんと伊藤さんと、宗像堂のスタッフと一緒に空を見ながら焼きたてのパンを食べた。ああ、こうしてみんなの一日が始まるのだと感じながら、すでに我々の一日は始まっていた。あのとき、ベンチに座りながら少しずつ変化する空を見上げて食べたパンの幸福。宗像さんが毎日届けているのは、こういうものなのかと体で知った。いい時間だった。パン屋はいつも、みんなが寝静まっている時間に幸福を準備している。

撮影は、みかさんはじめ、スタッフのみんなの協力がなければ絶対に成功しなかった。同じ時間を共有する仲間として迎え入れていただいたことに感謝します。宗像堂のパンと交換できるくらい、いい本になったでしょうか？

伊藤さんが「感動した」と口にした気持ちが、今では深いところでわかっている。宗像さん、止まることなく転がり続け、新しい波紋を生み続けてください。

宗像堂　むなかたどう

沖縄では、天然酵母のパン屋の先駆けとして知られる。天然酵母によって生地を作り、自作の石窯で焼く。現在は、小麦の自家生産にも取り組んでいる ●沖縄県宜野湾市嘉数1-20-2 ☎098-898-1529　営業時間10時～18時。水休。お取り寄せも可能。
http://www.munakatado.com

伊藤徹也　いとう・てつや

1968年生まれ。東京都出身。日本大学藝術学部写真学科卒業後、フォトグラファーに。雑誌媒体を中心に活動し、ポートレートから建築までジャンルを問わずに撮影している。2014年には、世界各国を旅した軌跡を集めた写真展「NORTH,SOUTH,EAST and WEST」を開催。

村岡俊也　むらおか・としや

1978年生まれ。鎌倉市出身、在住。中央大学法学部卒業後、ライターに。カルチャー誌『BRUTUS』『Casa BRUTUS』、ANA機内誌『翼の王国』など、雑誌媒体を中心に活動。著書に、アイヌの木彫り熊の職人を取材した『熊を彫る人』(共著、小学館)がある。

酵母パン 宗像堂
丹精込めたパン作り 日々の歩み方

2017年12月5日　初版第1刷発行

著者：伊藤徹也　村岡俊也
発行人：塚原伸郎
発行所：株式会社　小学館
〒101-8001
東京都千代田区一ツ橋2-3-1
電話：編集 03-3230-5392　販売 03-5281-3555
印刷所：凸版印刷株式会社
製本所：牧製本印刷株式会社

装丁・デザイン：林しほ
プリンティングディレクション：渡辺孝
校閲：麦秋アートセンター
協力：宗像堂

ISBN 978-4-09-310861-4